LA ALBUFERA DE VALÈNCIA
desde dentro

Vicente M. Muñoz Gras
Juan Solbes Espinosa

EDITORIAL
SARGANTANA

La Albufera de València desde dentro

© Del texto: Vicente M. Muñoz Gras y Juan Solbes Espinosa
© De las fotografías: Vicente M. Muñoz Gras y Juan Solbes Espinosa
© De esta edición: Editorial Sargantana, 2024
Email: info@editorialsargantana.com
www.editorialsargantana.com

Primera edición: octubre, 2024

Impreso en India

Los papeles que usamos son ecológicos, libres de cloro y proceden de bosques gestionados de manera eficiente.

ISBN: 978-84-10046-32-0
Depósito legal: V-1743-2024

LA ALBUFERA DE VALÈNCIA

desde dentro

Vicente M. Muñoz Gras
Juan Solbes Espinosa

EDITORIAL
SARGANTANA

Labrada la ciudad,
hizo un estanque para mejor provisión de la tierra,
que los mares después llamaron Albufera,
donde se crían pescados,
entrando en él, en cierto tiempo, de la mar...

PERE ANTONI BEUTER (VALÈNCIA, 1490-1554),
historiador y teólogo exégeta valenciano.

Sumergirse en el libro que nos ofrecen Vicent y Juan es, como dice J. L. Borges, una extensión de la imaginación y la memoria.

Por una parte, abrimos nuestros ojos y nuestro conocimiento a recuperar las vivencias, las experiencias y la historia sobre la que los valencianos y las valencianas nos hemos sedimentado sin apenas darnos cuenta, con la sencillez casi imperceptible que nos aporta el transcurrir de la vida. También es una invitación para todos los que viven fuera de nuestro territorio, para que puedan descubrir un paisaje único, un remanso de paz, un lugar donde todavía reina el silencio, donde el tiempo parece detenerse para no molestar a la naturaleza.

Por otra parte, adentrarse en la lectura de esta obra es un fascinante ejercicio de la imaginación que solo dos personas con la sensibilidad de los autores podrían proponernos.

¿Alguna vez han pensado ustedes en conversar con un entorno natural, en escuchar la voz de un paisaje, en deleitarse con las anécdotas e historias que el espacio pueda contarles?

Pues eso mismo es lo que descubrirán en este libro a través de las palabras y de las fotografías de Vicent y de Juan.

Porque quien nos habla es la propia Albufera en persona. Nuestra Albufera.

Conoceremos su nacimiento; los moradores que en ella han habitado a lo largo del tiempo, tanto humanos como animales; la importancia de la ciudad, *cap i casal*, que ha crecido junto a ella, a veces en confluencia y otras muchas dándole la espalda; los pueblos que la han rodeado como eternos vigilantes de la fortaleza; nos contará la belleza exquisita de todos los colores que la adornan en cada momento del día, desde los azules tempranos del amanecer hasta los reflejos dorados que nos advierten de la llegada de la noche; descubriremos sus preocupaciones, su estado de ánimo, sus miedos y también sus amores, ese amor indescriptible por la vida que ella acuna y protege como una buena madre: aves, peces, patos, y toda una vegetación acuática que la adorna como a una diosa.

La Albufera nos lo cuenta, lo describe con verdadero orgullo: «Soy uno de los grandes atractivos para las aves en su periodo migratorio, unas porque van a pasar el invierno y otras porque van a parar en su largo viaje hacia zonas más cálidas. Ellas, las aves, son las que consiguen que yo sea importante entre todos los humedales de este país. Son ellas las que hacen que tenga una importancia internacional».

También descubriremos cómo ha sido y es la relación del ser humano con la Albufera: la pesca, los sorteos de *redolins*, las barcas, los paseos y los encuentros románticos de las parejas a la orilla de sus aguas caldeando un amor que susurra en cada puesta de sol. ¿Acaso no podemos afirmar con rotundidad que los atardeceres en la Albufera son de los más bellos sobre la tierra?

Nada ha quedado sin relatar en esta autobiografía de nuestro paraje natural más especial y único. Las construcciones típicas como la barraca, los diferentes puertos de cada población que bebe de sus aguas, las golas, las acequias, las sendas, los *tancats*…, todo ello junto al peculiar olor de los arrozales, la brisa de los vientos levantinos y el agua dulce, que es fuente pura de vida.

Resulta difícil explicar a quienes no conocen la Albufera que se trata de un paisaje singular, único, bello, irrepetible. Las amistades que he llevado a disfrutar del entorno, siempre que citan València, mencionan la Albufera.

No han podido olvidarla, les ha quedado una hendidura tatuada en su memoria. Cuando entraban en sus aguas y les invadía el silencio dulce que anida otros sonidos diferentes propios de la flora y de la fauna, sentían ser transportados a otro mundo, a otro tiempo, a otra época, con la sensación de renacer ensimismados al adentrarse por los cañaverales de un tesoro único.

Mi amigo Antonio narra el asombro que le producía ver en el horizonte elevarse la arquitectura futurista de la Ciudad de las Ciencias mientras él navegaba por los canales de la Albufera sintiéndose un personaje novelesco de Blasco Ibáñez. Efectivamente, resulta admirable el contraste entre el futuro de un *cap i casal* que se transforma sin descanso junto con un paraje natural digno de relatarse en los cuentos y leyendas, que conserva la fuente de la intemporalidad.

Menos de veinte kilómetros separan el centro de la ciudad de València de la Albufera. Seguramente no exista ningún parque natural que haya crecido como un lunar rodeado de civilización, autopistas, estrés, prisas y el alboroto de las ciudades. Resulta infrecuente pero también trascendente saber el riesgo que supone la invasión de tantas personas con su ajetreo cotidiano para mantener las condiciones biológicas de este remanso de paz, un reto para cada generación que debe dejar en herencia a las venideras este enorme espacio natural tan amenazado.

Para quienes hemos tenido la fortuna de vivir la infancia en sus orillas, solo nos bastará cerrar los ojos, aspirar hondo y rememorar nuestras excursiones en bicicleta, los paseos en barca con los abuelos, la paella a leña, el vuelo de las aves, la silueta en el horizonte de las cañas y las barcas, y aquel primer beso.

Enclavado en pleno parque natural se encuentra la Muntanyeta dels Sants, o cerro de los Santos, un promontorio calizo de 27 metros de altura sobre el que se asienta una ermita del siglo XIV, dedicada a los santos Abdón y Senén (los santos de la Piedra), patrones canónicos del municipio de Sueca desde 1902.

Los niños juegan a conquistar la *muntanyeta* subiendo con sus bicicletas por una corta pero empinada rampa; en verano, la sombra de las higueras constituye metas volantes para recuperar el aliento. Y los jóvenes, y no tan jóvenes, subimos para disfrutar de unas vistas únicas, del paisaje cambiante según la época y de los atardeceres desde su mirador.

Descubrir la Albufera es también descubrir el Saler, su compañero eterno, así como los humedales y los arrozales que proporcionan la serenidad de una gran planicie de inacabable color verde que acaba conectando con el bosque mediterráneo que marca sus fronteras hasta llegar a confundirse con el mar.

Y, cuando llega septiembre, el paisaje cambia rápidamente, como del día a la noche, del verde intenso al húmedo marrón.

Aparecen las cosechadoras de arroz que apenas caben por los angostos caminos y, voraces, se comen el verde para dejar a su paso un humedal que se extiende hasta donde la vista se pierde y comienza el dominio de las *llisas*, las ranas y las tencas.

Tenía razón don Vicente Blasco Ibáñez, pues estamos hechos de cañas y barro: «El bosque parecía alejarse hacia el mar, dejando entre él y la Albufera una extensa llanura baja cubierta de vegetación bravía, rasgada a trechos por la tersa lámina de pequeñas lagunas». También la literatura tiene cabida en este libro porque la Albufera, además de un excelso entorno natural, también es arquitectura, arte, cultura y fiesta.

A los autores hemos de agradecerles que hayan prestado su voz literaria a la Albufera y que, a través de su emotiva empatía, nos hayan donado esta ofrenda de sensaciones, datos, conocimiento y descripciones sobre nuestro parque natural.

Me van a permitir que destaque el origen por el que nació este libro y que constituye su corazón: las fotografías.

La gran mayoría de nosotros miramos infinidad de cosas y hechos cada día sin verlos. Juan Solbes y también Vicent, *el*

13

Torrentí, tienen el don de ver más allá de donde los mortales miramos. Sus fotografías son los rayos x de unos ojos abiertos a la vida, a la belleza, al optimismo, al planeta. Son dos enamorados permanentemente de la naturaleza.

Su sorpresa y su curiosidad son un regalo que convierten, de forma mágica, en imágenes deslumbrantes. Como dice la filósofa Susan Sontag, «la fotografía es, antes que nada, una manera de mirar. No es la mirada misma». Y así es porque, cuando veamos las fotografías de este libro, realizadas por los autores, descubriremos la profundidad de la Albufera, su interior, sus colores, su vida, su alma. Descubriremos lo que a simple vista no hemos sabido ver.

Lo importante de esas fotografías no está en la cámara, en la calidad del instrumento, sino, como bien advierte el célebre fotógrafo Alfred Eisenstaedt, lo importante es el ojo. El ojo de Juan y de Vicent, su arte para observar, para encontrar algo interesante en un lugar ordinario o para exaltar la belleza de lo bello, como ocurre con la Albufera.

El mérito de estas fotografías está en cómo ven los autores nuestro entorno, en cómo transmiten su alegría de vivir, en cómo descubren el lado bueno de las cosas. Cuando disparan su cámara, no buscan una fotografía, buscan la vida misma, y lo hacen ejercitando al unísono la cabeza, el ojo y el corazón.

La realización de este libro ha sido costosa. Son necesarias muchas horas y muchos meses, mucha paciencia, para conseguir la foto precisa. Juan y Vicent no han tenido prisa; han dedicado mucho tiempo a pasear, observar, descubrir y conocer cada rincón de la Albufera. Hay que agradecerles el inmenso tiempo que han invertido ambos para realizar esta joya fotográfica.

Las imágenes de Juan Solbes y de Vicent Muñoz son las mejores embajadoras de la Albufera; su mensaje puede comprenderse y admirarse en cualquier idioma. Son las ventanas abiertas a una mirada profunda y nueva de ese paraje increíble que tenemos al alcance de nuestra mano.

Solo me queda animar a que se acerquen con admiración y respeto a descubrir esta superficie de 21 120 hectáreas que supone el Parc Natural de l'Albufera, y que baña con sus aguas València, Alfafar, Sedaví, Massanassa, Catarroja, Albal, Beniparrell, Silla, Sollana, Sueca, Cullera, Albalat de la Ribera y Algemesí. Recordemos que fue declarada *parc natural* en 1986, y desde 1989 está reconocida como «humedal de importancia internacional», figura derivada de la «Convención Relativa a los Humedales de Importancia Internacional, especialmente como Hábitat de Aves Acuáticas», celebrada en Ramsar (Irán) el 2 de febrero de 1971. Además, es parte integrante de la Red Natura 2000 —al haber sido declarada como «zona de especial protección de las aves» (ZEPA) en 1990— y seleccionada

como «lugar de importancia comunitaria» (LIC) desde 2006. Algunas partes de su ámbito han sido también declaradas como «microrreserva de flora» y como «reserva de fauna».

Quiero agradecer profundamente a Juan Solbes y a Vicent, *el Torrentí*, este gran regalo que hace justicia a la belleza de la Albufera y que ayudará a concienciarnos de su importancia, a responsabilizarnos de su cuidado, a entender mejor su flora y su fauna, a ser más «humanos» a través de nuestra propia historia, nuestra memoria y nuestra tierra.

Advierto a quienes se acerquen a este libro sin conocer la Albufera que caerán en las redes de su enamoramiento. Y a los valencianos y valencianas les aseguro que sonreirán en cada página envueltos en cierta melancolía que se fragua con los recuerdos y las vivencias.

Sin ninguna duda, les garantizo que, después de adentrarse en las letras e imágenes de este libro, ustedes serán mucho más sabios y felices.

ANA NOGUERA MONTAGUD
Miembro del Consell Valencià de Cultura

Y otra vez el silencio, coreado por el susurro de la barca al cortar el agua y el monótono canto de las ranas. Los dos iban con la vista baja, como si temiesen darse cuenta de que estaban solos; y si al levantar los ojos se encontraban sus miradas, las huían instantáneamente.

Se ensanchaban las orillas del canal. Los ribazos se perdían en el agua.

Las grandes lagunas de los campos por enterrar se extendían a ambos lados. Sobre la tersa superficie ondeaban las cañas en el crepúsculo, como la cresta de una selva sumergida.

Estaban ya en la Albufera. Avanzaron algo más con los últimos estremecimientos de la brisa, y en derredor solo vieron agua.

Ya no soplaba viento. El lago, tranquilo, sin la menor ondulación, tomaba un suave tinte de ópalo, reflejando los últimos resplandores del sol tras las lejanas montañas.

El cielo tenía un color de violeta y comenzaba a agujerearse por la parte del mar con el centelleo de las primeras estrellas.

En los límites del agua marcábanse como fantasmas los lienzos desmayados e inmóviles de las barcas.

VICENTE BLASCO IBÁÑEZ. *CAÑAS Y BARRO*

... Ocupa ésta tres leguas de norte a sur entre la capital y Cullera, y una de ancho con corta diferencia: está separada del mar por una lengua de arena, pero se comunica con él por un canal angosto que se abre o cierra con cierta facilidad...

CABANILLES. 1796

La brisa de poniente, como cada mañana, suave y cálida, me despierta acariciándome, meciendo las cañas y la erea.

El sol empieza con su alquimia a transformar las sombras en un juego de luces que poco a poco me permite diferenciar todos mis perfiles.

Voy notando cómo mi ser empieza a tomar vida por las acequias, que, a modo de venas, rodean mi corazón y hacen que los pescadores, ávidos de mostrar sus astucias, me recorran en busca de sus tan ansiadas capturas.

Por los caminos, como si de músculos se tratara, del mismo color, los labradores empiezan el hormigueo de su ajetreada jornada y yo, como todos los días, con la ilusión de siempre los observo y los siento... DESDE DENTRO.

LA ALBUFERA DE VALÈNCIA

¡Mírame desnuda!

Aquella vez

El nacimiento no es un acto, es un proceso.
ERICH FROMM

Lo intuía y empezaba a sospechar, presentía que podía suceder
aquella catástrofe, estaba a punto de ocurrir y no me podía distraer,
ya casi no lo puedo recordar, pero aquello me costó de entender:
que los continentes se movieran y que yo me sintiera desaparecer.

Me quedé encerrada y rodeada de tierras sin poder transcender.
Aquella traumática separación a punto estuvo de acabar con mi ser
al verme convertida en un gran desierto de sal sin llegar a saber
si la evaporación de lo poco que había acabaría por hacerme ceder.

Un milagro sucedió con el estrecho en Gibraltar y empecé a renacer,
un cordón de vida al agua me unió y no me pude más que sorprender.
Mediterráneo me llamaron cuando poco a poco empecé a responder
y de agua me llené de manera violenta dejándome así embellecer.

Las sabias aguas escribieron cuentos con metáforas donde entender
que el viento paraba a descansar en lugares y espacios de placer
y que en silencio había que entrar sin mucho ruido tener que hacer
y así no molestar donde el reposo era un compendio de menester.

Al querer las tierras participar de ese placer, se quisieron detener.
Pasado algún tiempo empecé a ver y el lenguaje del agua entender
cuando sentí aquella barrera de tierra que me empezaba a romper
y que, definitivamente, permitía al agua mi cuerpo volver a florecer.

¡Aquella vez! ¡Cómo pudo suceder, que no me deja de sorprender!

^ El mar Mediterráneo desde la bola de Cullera, al
fondo, el macizo del Montgó, en Denia. 30.01.2021

∧ Vista desde la bola de Cullera de los campos de arroz, todavía inundados. La Devesa, la restinga y la Albufera. El mar Mediterráneo a la derecha y al fondo València y la sierra Calderona.

Y ASÍ FUE

No necesitas que nadie te diga quién o qué eres
¡Tú eres lo que eres!
John Lennon

Rompiendo el cuaternario a través de afloramientos pleistocenos,
afloró como un parto de varios decenios un pequeño mar sereno
desgajado de la mar y con la pura esencia del arco mediterráneo.

Fueron los ríos Júcar y Turia que alimentaron incipientes restingas
las que me convirtieron de golfo de València a una gran albufera
hasta que se creó un gran cordón litoral desde Ruzafa a Cullera

Salada comencé una singladura y una evolución propia de la vida,
sedimentos, vientos y corrientes me dieron al final por concluida
y fue a partir de ahí que comencé a dulcificar mis aguas fluidas.

No obstante, hasta hace poco, contaba con unas hermosas salinas
que mantenían en el recuerdo de todos que yo era una gran reina
y que proveía a los habitantes de València de una sal cristalina.

Desde el principio fui causando a los que venían gran admiración.
El paisaje, la vegetación y la cantidad de aves llamaban la atención
y fueron los reyes los que mostraron por mí una gran predilección.

Se reservaron el dominio sobre mí y prohibieron mi enajenación.
El respeto y la admiración que mostraron llegó hasta el año 1708,
y fueron los borbones los que me cedieron y me denigraron.

No sería hasta la llegada de Carlos III que me recuperó la corona.
Se dictaron en 1871 las primeras ordenanzas reales en esta zona,
para entonces ya tenía la mitad de superficie que cuando era moza.

En esa época, y durante los cien años siguientes, pasaron cosas
hasta que, con unas leyes desamortizadoras, fui del Estado esposa
y plantearon, sin éxito, mi desecación y una venta muy airosa.

No sé qué fue peor, el arrozal me dejó en mi superficie actual,
menos mal que el Ayuntamiento de València me compró tal cual
y se comprometió a no dejarme morir por cualquier acción brutal.

Hoy soy un parque natural, que me permite seguir aquí con vosotros.
¡Igual es que alguien me sigue considerando valiosa, a mis años!
Pero me gusta ser patrimonio natural y cultural libre de daños.

Solo tenéis que ser generosos, como lo he sido con todos vosotros,
hacer conmigo lo que yo he hecho por todos estos miles de años,
cuidarme como se cuida a una madre enferma, ¡no seáis tacaños!

Toda mi vida uniendo las orillas, esas que, en ocasiones, separan,
pero también uniendo a todos los habitantes que por aquí remaban,
pescaban y cazaban para que sus vidas fueran mucho más claras.

Soy como el cordón umbilical que os conecta a todos con todos,
que os sujeta a la vida, a la naturaleza, en todos los periodos,
sin pedir nada a cambio, desde los tiempos de los visigodos...

Yo soy el remanso, la laguna quieta donde tú puedes estar,
donde tú puedes acudir y hablar conmigo despacio, con paz
para saber quién soy, para que nos conozcamos un poco más.

Yo soy

Si hay magia en este planeta, está
contenida en el agua.
LORAN EISELY

Soy parte de la misma agua que bebieron tus antepasados,
la memoria que permanece como lienzos bien cartografiados,
donde consultar acciones que comprometieron el pasado
y reformular movimientos que vengan de cualquier chiflado.

Comparto con vosotros la misma luna con su influencia pura
y ese sol que, sin pedir nada a cambio, os da una vida segura.
Reflejo las estrellas del cielo para recordaros a la natura
y abro mis caminos para que entréis sin ninguna estrechura.

Disfruto de los días observando esta vida que es un regalazo
donde formáis parte de ella como un elemento consagrado
que intervenís, me mentís, me utilizáis para vuestro reinado,
y aun así ni me cuidáis ni me amáis ni os sentís hospedados.

Sueño cada noche con vuestros besos y caricias sin censura,
necesito sentir que soy importante para vos con mucha dulzura
y no solo veros surcar mis aguas para vuestras rebañaduras,
sino también ver que me acompañáis sin necesidad de factura.

Sois yo en un porcentaje alto y en el cuerpo estoy de buen grado,
me aterráis sin miramiento para conseguir un campo allanado,
no consideráis que vivo solo para que podáis estar entonados
y disfrutéis del trabajo que hacéis sin que os haya violentado.

Aunque me mantenga en silencio y no os diga absolutamente nada,
aunque sepáis que estoy triste, dolida y extremadamente enferma,
espero que me reconozcáis y podáis apreciar en mí toda la belleza
y os sintáis orgullosos de poder hablar de mí con toda la pureza.

< Puesto de pesca (*redolí*) situado en la Séquia
Nova que une la laguna con la Gola del Perellonet,
pasando por la Sequiota Llac de l'Alcatí.

ROMANOS, GODOS, ÁRABES...

La historia no es la maestra de la vida:
nadie escarmienta.
BENJAMÍN JARNÉS

No pretende ser la historia de lo que pasó. Para eso ya existen innumerables libros que lo cuentan de una manera excepcional, esto solo pretende ser un pequeño juego de memoria, palabras, nombres que me dieron y personas que vinieron, que hablaron de lo que pasaba por aquí cerca y me pareció divertido contarlo así de esta manera para que el divertido se distraiga y el erudito se motive a encontrar la verdadera historia de la Albufera de València.

- **L'amoenum stagnum**. Estanque ameno. Plinio el Joven. Siglo I.
- «Valentia Edetanorum». Cónsul de Hispania Décimo Junio Bruto.
- La Ciudad de los Valientes. Una isla en el río Turia. Fieles a Roma.
- **«Palus naccararum»**, pantanos desde Almenara hasta Cullera.
- En plena Vía Augusta, Hercúlea, Heraclea, camino de Aníbal, camino de San Vicente Mártir, ruta del Esparto, vía Exterior...
- Valentini veterani. Refundación. Vetere.
- Isis, Asciepio, Ninfas, Hércules, Júpiter y la diosa Fortuna. El Mesías.
- San Vicente Mártir. Cristiano. Sin culto a Daciano. Primer santo Honorio, último emperador.
- Bárbaros godos. Alarico en Roma. Caída del Imperio romano. Año 410.
- Los visigodos en Valentia. Hispano romanos. Godos arrianos. S. VI.
- La catedral visigoda con obispo Justiniano. Rey godo arriano Teudis.
- Rey godo Roderico. Pierde guerra. Musulmanes al poder. Godos, adiós. Hispano-romanos aquí.
- Tarik. 714. Medina a-Turab. Ciudad de arena.
- Balansiya. Taifa musulmana. Amor musulmán-hispano-romano.
- Reinos de taifas. Mubarak y Muzzafar. Eunucos. Déspotas en Balansiya.
- Abd al Aziz ben Abd al Rahman al Nasir ben Abí Amir.
- **Balansiya** luce y vive.
- Rodrigo Díaz de Vivar. El Cid. Muere 1099. Musulmanes otra vez.
- Almorávides. Almohades. Zayd abu Zayd. Último rey en Balansiya.

- Jaime I. El Puig. Aben Al Abbar ayuda no consigue. Zayd *caput*.
- Año 1238, Balansiya a Jaime I.
- Se quedan los pueblos con Al, con Ben, con Beni, con Massa, con Rafel.
- Se quedan palabras: *alcalde, alcachofa, albornoz, faneca, hazaña...*
- Lo que hizo Alb Allah, Al-Balansi. Al-Ruzafa. Al-Rusafí.
- Jardines. Huertos. Surtidores. Arroyos. Arboles frutales.
- Al Ruzafa. Mansión. Sol. Amanece. Mira. **Al-buhayra**. Espejo del sol.
- La alquería andalusí. El Palmar.

- Tribunal de las Aguas dentro mezquita. Cuando catedral, a la calle.
- Agricultura. Norias. Riegos. Acequias. Producción.
- Moreras. Gusanos de seda. Valentia sedera. Deseada mundo entero.
- Jaime I. La Albufera patrimonio real. Derechos de pesca vecinos.
- Musulmanes expulsados por Felipe III. Fin mano obra campos.
- Coto de caza. Regulación pesca.
- Muchos reyes. Pedro I, Pedro II, Alfonso I, Alfonso II, Jaime II, Juan I.

∧ Vista del Motor de Peret o de Sant Vicent en plena época de *perellonà* y el *tancat* del mismo nombre que se sitúan al lado del Tancat del Moreno de Mília, entre los cuales discurre la acequia que lleva al Portet de Sollana. Justo al lado del *portet* se encuentra la torre de observación del Tancat de Mília.

- Martín el Humano, Fernando I, Alfonso III, Juan II, Fernando el Católico.
- Carlos I. Pastoreo. Extracción de leña.
- Felipe I, Felipe II. Prohíbe pastoreo y extracción de leña. Amojonamiento.
- Felipe III, musulmanes adiós.
- Ordenanza de dureza a los que pesquen, cacen, pastureen o cojan leña.
- Carlos II, Felipe V regala la Albufera a Cristóbal Moscoso.
- Fernando VI
- Carlos III, Matrícula de Pescadores del Real Lago de la Albufera.

- Regulación y buen uso. Canales y golas. Pescadores autónomos.
- Carlos IV. La Albufera para Godoy.
- Napoleón. La Albufera a Mariscal Suchet. Jurado. Teniente de la Albufera.
- Fernando VII. Albufera patrimonio real.
- Isabel II. 1865. Bienes segregados del patrimonio real. Patrimonio del Estado.
- Amadeo de Saboya, Alfonso XII.
- Alfonso XIII. Ayuntamiento de València. Entrega 1927.
- Parque natural. 1986.

∧ Ciudad de las Artes y las Ciencias de València desde los campos de arroz del Saler. Al fondo y muy difuminado se puede intuir la sierra Calderona. La modernidad de las construcciones actuales desde la antigüedad de mis aguas que conviven manteniendo un equilibrio desde la equidistancia y el conocimiento de la existencia mutua.

Un toque de distinción

Porque has de saber, Sancho, si no lo sabes, que dos cosas solas incitan a amar,
más que otras, que son la mucha hermosura y la buena fama,
y estas dos cosas se hallan consumadamente en Dulcinea,
porque en ser hermosa, ninguna le iguala,
y en la buena fama, pocas le llegan.
Don Quijote de la Mancha

∧ Vista del puerto antiguo de Silla. Una exquisitez para todos los sentidos y una cascada de emociones que son imposibles de soportar cuando estamos delante de esta maravilla de la naturaleza y de los seres humanos.

< Una *calà* o *redolí* con las redes levantadas, lo que indica el fin de la temporada de pesca y el inminente sorteo de *redolins* para la temporada siguiente.

Podríamos estar toda una vida hablando de la belleza,
de esa manera de expresarse la vida en la naturaleza,
de esa noción abstracta con distintos aspectos de pureza
que es inherente a los objetos bellos desde la grandeza.

Es una apreciación sensible del mundo desde la certeza
que nos obliga a reconocerla sin ninguna vergüenza
y a inclinarnos ante ella desde la más sutil grandeza
para sentirnos que formamos parte de esa gran proeza.

Me provoca cierto placer sensorial, espiritual extrañeza,
reconocer que lo vivido con vosotros es pura belleza,
oír vuestras risas de buena mañana la piel me eriza,
y me late el corazón observándoos con gran entereza.

Os veo pescando en mis aguas y me quedo perpleja
admirando vuestro tesón y la fuerza que os encabeza,
la alegría con que cantáis y proclamáis la gentileza
y la satisfacción que me da servir a esa gran fortaleza.

Me siento feliz con estas familias de tan alta nobleza
que muestran su pura humanidad a pesar de la dureza
y hacen las cosas sin presumir, con una dulce simpleza
que me emociona fácil y con una sutil ligereza.

Disfrutar de oír a los niños jugando entre la maleza,
alegrarme de sentir las barcas surcar con esa pureza,
sentir utilizar mis aguas para poder hacer la limpieza
y rozar las aves mi piel, eso es la verdadera belleza.

He admirado al ser humano desde antaño con sutileza
y apreciado siempre esos dones increíbles sin impurezas
saboreado con gratitud infinita todas vuestras riquezas
agradeciendo cada día vuestra amistad sin ninguna pereza.

Y os doy las gracias, aunque no las merezcáis,
sin vosotros no sé por qué existiría, espero que crezcáis
porque solo vosotros me veis así, quizá resplandezcáis
y brilléis de una manera tal que enloquezcáis.

Y me distingáis a mí aunque estéis rodeados de belleza,
que cuando me miréis y me observéis os estremezcáis
porque ninguna belleza puede hacer que vosotros florezcáis
como esa que distinguís como una gran Albufera.

Y ahora, por muchas explicaciones que me ofrezcáis,
siempre sabré que os brillan los ojos, aunque no lo parezca,
cuando me miráis y veis en mí toda la belleza
que surge de vuestro corazón limpio de cualquier impureza.

Ese es vuestro maravilloso y genuino toque de distinción,
esos ojos que brillarán y se acordarán de que hay un don
en el corazón de cada persona que se abre como un telón
para mostrar la belleza de la Albufera en cualquier situación.

Recordaréis todo el amor que hemos sentido y compartido
cuando en algún lugar del mundo sintáis ese enorme latido
de vuestro corazón que os recuerde la belleza de mi vestido
y vuestros ojos se llenen de agua con lo que hemos vivido.

∧ Puesta de sol desde la rotonda de la Séquia Nova. Las vistas corresponden a los Tancats de Villalba, Rabisanxo y la Marjal de Massanassa.
> Barca de pesca antigua en la acequia que conduce desde el Motor de Daniel en el Tancat de l'Estell a la Séquia de la Reina.

Tan cerca, tan lejos

El primer paso a dar es tomar conciencia de que el amor es
un arte, tal como es un arte el vivir. Si deseamos aprender a amar,
debemos proceder en la misma forma en que lo haríamos
si quisiéramos aprender cualquier otro arte, música, pintura,
carpintería o el arte de la medicina o la ingeniería.
ERICH FROMM

< Vista de las grúas del puerto de València des-
de la Marjal de Massanassa, que contrasta con
un viejo motor de algún *tancat*. Esto nos da una
idea de lo cerca que estáis de mí y lo lejos que se
puede estar sin tener en cuenta las necesidades
mutuas de cada circunstancia y espacio.

Estoy rozando València y siguiendo la orilla de mis aguas en-
contramos núcleos de población dignos de señalar como son
Sedaví, Alfafar, Massanassa, Catarroja, Albal, Silla, Sollana,
Sueca, Beniparrell, Albalat de la Ribera, Algemesí y Cullera.

Todos ellos con alcaldes y políticos muy convencidos de que
hay que salvar la Albufera y dejar de contaminar mis aguas,
haciendo esfuerzos importantes para salvar lo poco que ya
queda de mí. Eso me hace sentiros muy cerca.

Cada vez veo más gente que se acerca a pasear junto a mí,
andando o en bicicleta, y también hace algún recorrido con su
coche, algo que me llena de satisfacción si empiezo a ser un
lugar referente para muchos.

Pero luego me pongo a pensar y me doy cuenta de que me
cuesta entender que estando tan cerca y, sintiéndome tan sumamente cerca, yo siga teniendo la sensación de que estáis
a miles de kilómetros de distancia, y eso que os veo cada día.

No tengo barreras que me protejan de las autovías y de las
carreteras donde circulan miles de coches, y de los aceites
y metales pesados que vierten en mi cuerpo a través de las
aguas pluviales contaminándome en exceso.

La depuradora es una buena idea, pero igualmente sigue ver-
tiendo fósforo y nitrógeno porque no existe un filtro para que
esos metales no pasen hacia el lago o hacia el mar a través
del agua que vierten. Estoy segura de que en breve resolve-
réis este entuerto.

Otro problema es la paja del arroz que se queda en los campos inundados y, en su proceso de podredumbre, deja sin
oxígeno esa agua que posteriormente vierte en el lago. Pasan los años y seguimos sin poner una solución clara a un
gran problema.

Se lleva años hablando de la posibilidad de drenar el lago,
de ir sacando los metales pesados que hay en el fondo, fruto
de los vertidos de las fábricas en los años setenta, ochenta
y noventa.

Por eso digo que siento que estamos muy cerca, pero nos
alejamos cuando realmente hay que tomar las decisiones
necesarias para salvar un patrimonio de todos que cada vez
valoráis con mayor emoción e ilusión.

Lo que soy

Agua

Miles de personas han sobrevivido sin amor,
ninguna sin agua.
W. H. Aauden

¿Qué es el agua? ¿Qué es ese elemento que no tiene ni color ni olor ni sabor? ¿Qué es eso que ocupa mucha parte de vosotros?... Eso soy yo: un elemento que limpia, transporta, elimina, hidrata, regula, mantiene, ayuda, reacciona, sostiene, lubrica, amortigua...

Vivo aquí desde siempre. Estoy aquí desde antes que vosotros existierais y soy la misma desde el inicio de los orígenes de este invento llamado tierra. Soy río, soy manantial soy mar, soy laguna y lago, soy lluvia, igual estoy líquida que estoy sólida y también en estado gaseoso.

Tengo memoria y puedo cristalizar de varias formas y maneras, según dónde, cómo y con quién conviva en cada momento.

Tengo la particularidad de que tomo la forma de aquello con lo que conecto y ofrezco siempre la posibilidad de vivir y convivir. Sin mí toda la vida en la tierra desaparecería en cuestión de días, sin agua no podríais durar nada más de tres o cinco días.

Soy un derecho fundamental para todos los seres vivos de la tierra, sean animales, plantas o seáis vosotros mismos. Pero yo no puedo estar siempre dando y dando y haciendo y cuidando... necesito, también, que exista una reciprocidad sencilla.

Es necesario que podáis concienciaros de que hay que limpiar aquello que os limpia a vosotros y vuestros espacios de vida. Y quizá he sido demasiado presuntuosa, quizá con que dejéis de ensuciarme, de verter vuestros desechos en mí, valdría.

Vivo cada día para que tengáis un futuro tranquilo y feliz, para que pueda vivir aquello que vosotros necesitáis para comer, para alimentaros, para acompañaros o para disfrutar.

Vosotros sois agua, eso que todo lo disuelve, eso que comprende y que piensa, que os respeta y que acude sin pedir nada, sois pensamiento de agua pero egoístas de ella, no aprendéis mucho. No os imagináis la tristeza que siento y las veces que lloro porque no os he enseñado a querer a quien de verdad os quiere.

Soy el agua de la Albufera de València, pero viajo por el mundo entero y por la tierra honda, y os ayudo a llorar con agua cuando miráis el fondo de la laguna y percibís que se acabó la vida, que ya no soy trasparente ni limpia, y seguro que ni me deseáis.

Pero soy unos brazos abiertos para vosotros, la hospitalidad del amor, y confío en que algún día volveremos a ser, como siempre lo fuimos, transparentes.

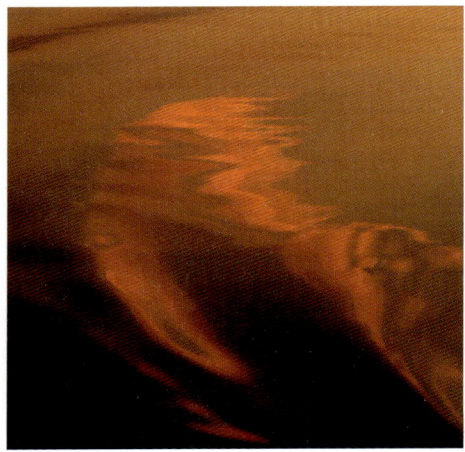

AL PRINCIPIO FUI SALADA

Durante muchísimo tiempo fui salada como mis antepasados y como la práctica totalidad de lagunas o pequeños mares que nacieron, como yo, en la tierra. Estuve comunicada por el mar, hasta no hace mucho, por la Gola del Rei y las aguas del mar entraban y salían con total libertad.

Entonces, la pesca en el lago era la principal actividad de todas las que podíais desarrollar, ya que la agricultura, hasta determinado momento, no se empieza a desarrollar. Desde que pasé a ser patrimonio real, por obra y gracia de don Jaime I, todo aquel que quería pescar tenía que pagar el famoso quinto a su majestad.

La afluencia de agua dulce a través de los ríos y los barrancos, así como la de todos los *ullals* o manantiales que surgían en mi entorno posibilitaron que el agua se fuera convirtiendo en dulce.

Se construyeron tres golas artificiales para comunicarme con la mar, las de Pujol, Perellonet y Perelló, que posibili- taban el desagüe de la laguna y la entrada de peces. Así se aseguraba que el agua sería dulce tal y como se necesitaba para los agricultores.

Hasta hace bien poco, existieron unas salinas en mi zona norte, la del Saler, que le dan nombre a este pueblo y desde donde se abastecía de este producto, tan deseado en esa época, a toda la ciudad de València.

Es en esa zona del Saler donde se construyeron las primeras barracas para todos los trabajadores de la sal, aunque en la actualidad ya casi no queda nada de aquel asentamiento, que en su momento tuvo una importancia crucial.

El peligro de una vuelta a la salinización siempre está presente. Si el nivel de mis aguas baja lo suficiente como para que de mis fondos surja todo el salitre acumulado en los miles de años en que yo fui salada, correríamos el riesgo de volver a los inicios de todo.

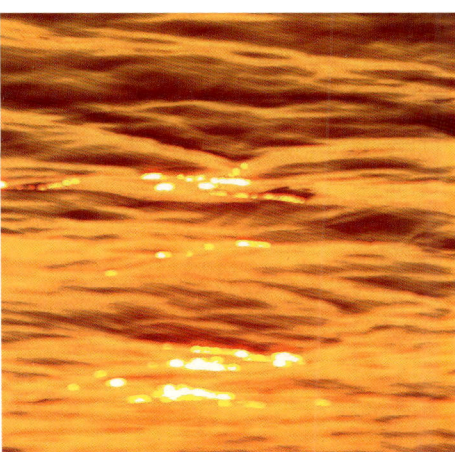

EL *LLUENT*

Desde València a Cullera llegaba la totalidad del *lluent* en la época cristiana. Un pequeño mar reluciente que enamoraba a todos aquellos que me visitaban y que lucía con una belleza tan majestuosa que a nadie pasaba desapercibida.

En aquella época tan solo la Gola del Rei me conectaba todavía con mi madre. En cuanto había un temporal en la mar, el agua me invadía y me mantenía salina, por lo que podía ofrecer caza, pesca, sal, hierbas y muchas plantas de forma extensiva.

Cuando Jaime I me conoció y me hizo suya, al patrimonio real me incorporó y a partir de ahí fui conociendo reyes y reinas que me tuvieron como un altavoz por el que llamaban a venir a pescadores y pobladores de territorios cristianos.

En la actualidad, *el lluent* es pequeño en comparación con la vida de entonces pero hay un momento, cerca del mes de mayo, cuando se inundan los campos, justo antes de la siembra del arroz, que recupero mucha parte  *del meu lluent.*

Menos la Devesa, la restinga y el monte, el resto del parque brilla lleno de agua y lo hace a través de mis acequias y distintos canales que utilizan los regantes para dar comienzo a un nuevo ciclo del único producto estrella, que es el arroz, el oro en que se convierte el barro de mi tierra.

Este espectáculo, para este nivel del *lluent*, no dura más allá de quince o veinte días, después los campos se vestirán de cierto verdeo para empezar a cuidar el grano y desaparecerá el brillo grisáceo, a veces casi dorado o azulón de mi espejo.

Ese es el brillo de la Albufera, *el lluent* al que se refieren mis admiradores.

Y de esa manera cariñosa me llaman los pescadores y los barqueros de toda la vida cuando se van a acercar a mí y hablan con otros... «Me voy al *lluent*» o también «Hoy el *lluent* está un poco revuelto y no voy a salir», me resulta encantador ese maravilloso apodo: 'lo que brilla'.

LAS COSAS QUE TIENE LA VIDA

Desde vuestra mente racional y desde la omisión de vuestros actos estas imágenes dañan el encanto.

Existir para que otros existan, morir para mantener la existencia, matar para seguir viviendo... ¡tanto!

Quizá para poderlo comprender habría que saber que la existencia es salir del lugar donde te encuentras.

Algo parecido a eso del destino, que es apartarse de un sitio para poder ir hacia otro quieras o no quieras.

Existo desde el oxígeno y el hidrógeno escribiendo una vida de existencia saliendo de un lugar hacia otro.

Recorremos un camino que nos lleva a enfrentar nuevas aventuras, nuevos riesgos, esa es la experiencia.

Para muchos de vosotros, la existencia es un tanto extraña, puesto que, a veces, no existe lo que no veis.

En vuestra sociedad actual, no tenéis que matar al ave o a la vaca, no sabéis lo que es decidir la existencia.

Cuando lo veis en directo, junto a mí, en la laguna de la vida, donde todo es como es, os causa cierta violencia.

Pero para vosotros la alimentación no forma parte del tiempo que dedicáis en la vida de vuestra existencia.

La muerte es algo que os asusta a todos, por naturaleza, es la única respuesta que sabéis en la vida.

Vuestros cuerpos han sido diseñados para experimentar, para integrar, pero en ningún caso transcienden.

La muerte es el gran cambio, y vuestra transformación es lo que os permite que cada día sea nuevo y único.

Es el secreto y el milagro de la vida a pesar de los sentimientos y emociones que os genera para poder seguir viviendo.

< Garzas y garcetas son expertas pescadoras y no dudan en bajar hasta la superficie de mis aguas cuando detectan alimento fácil de coger. También podemos ver a un aguilucho lagunero bajar hasta la superficie para coger con sus garras algún tipo de pescado.

> Cormorán grande intentando tragar una *llisa* o mújol especialmente grande para su tamaño. Son expertos nadadores, aparecen desde abajo de mis aguas y pescan los peces de cualquier tamaño.

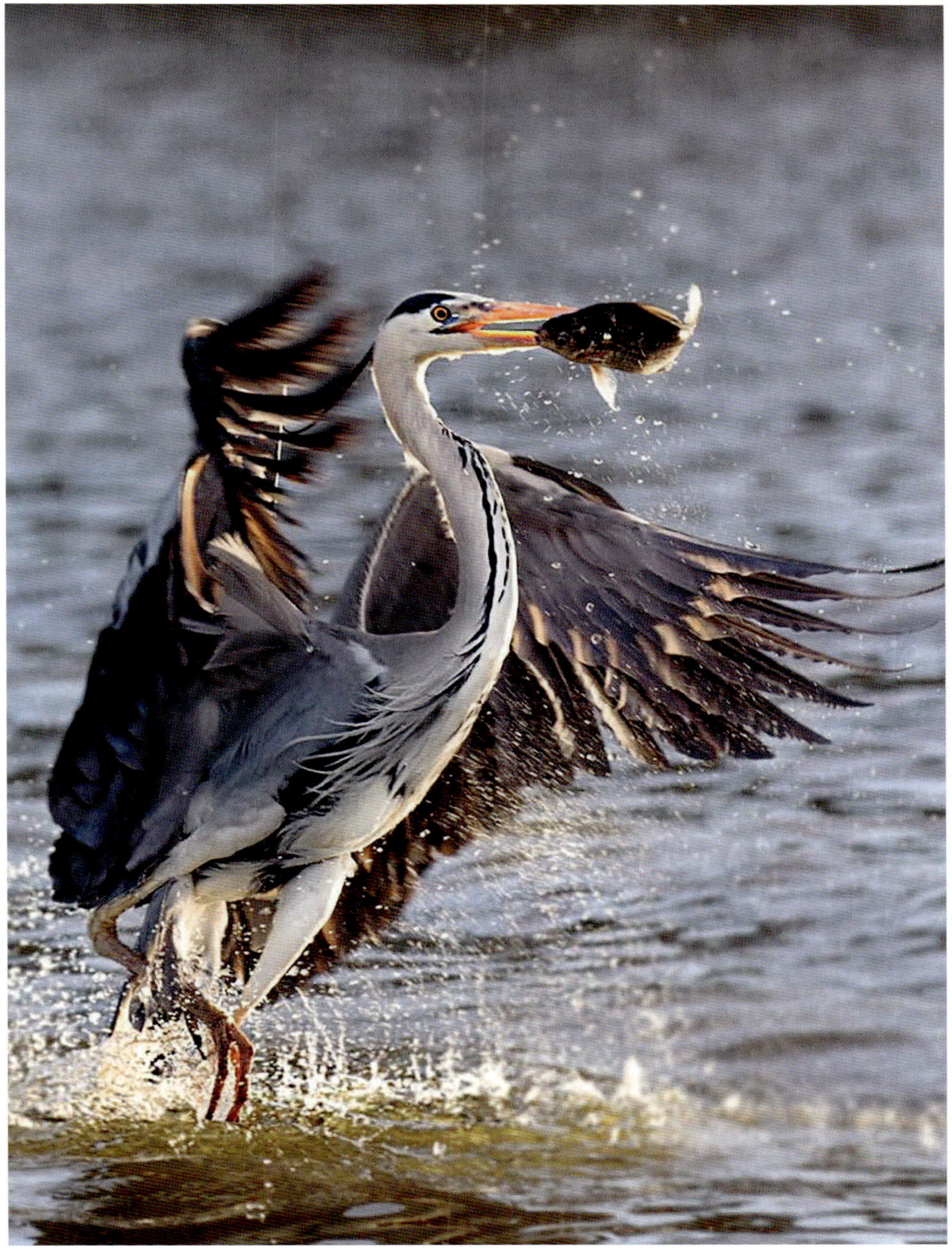

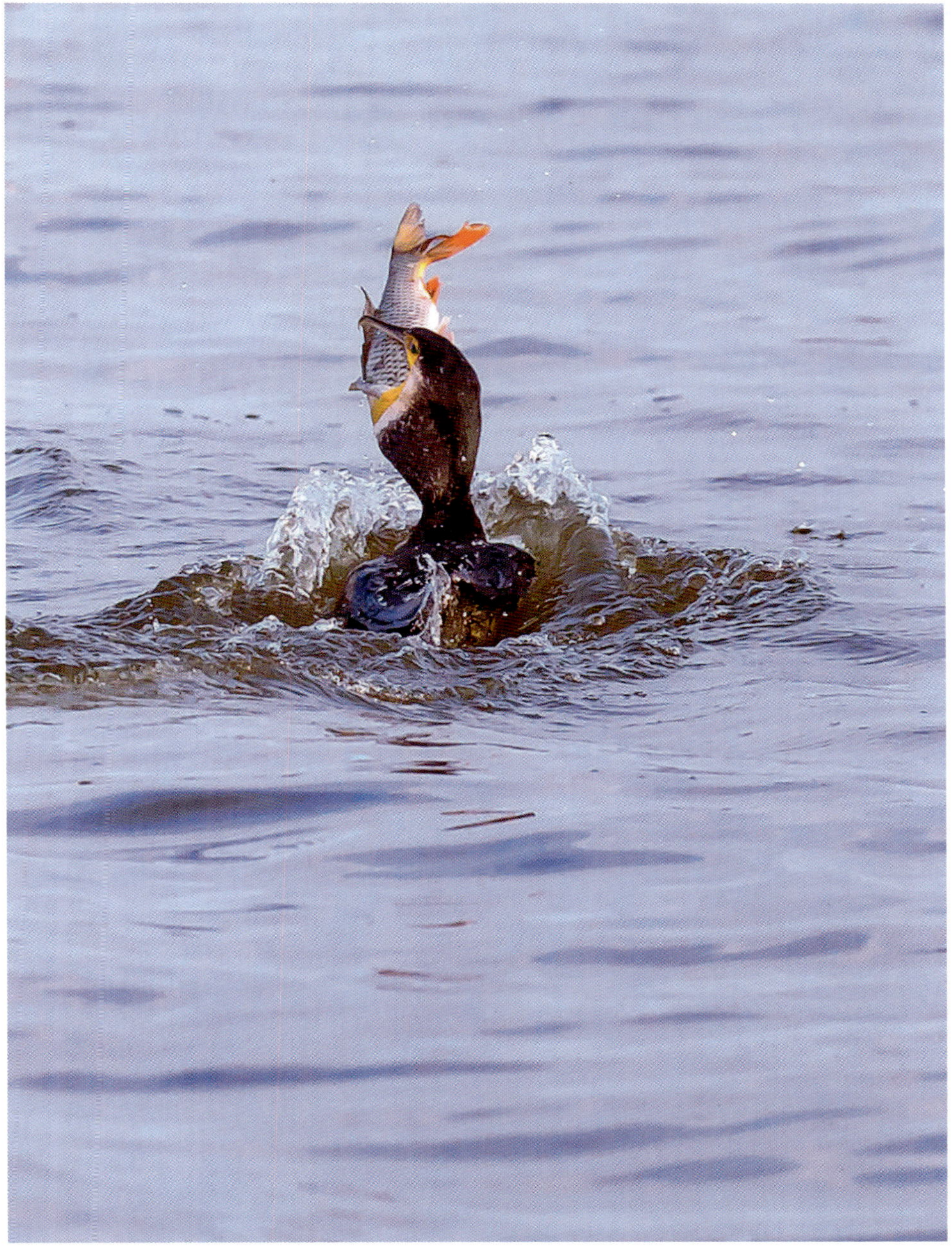

LA BASSA DE SANT LLORENÇ

Tengo una hermana pequeña muy cerca de mí y que seguramente se formó de la misma manera que lo hice yo, somos producto de las desembocaduras de los ríos Turia y Júcar.

Se alimenta, básicamente, de aguas subterráneas provenientes de la serra de les Raboses de Cullera. Tiene una extensión de una hectárea y su tamaño varía en función de la sequía que pueda experimentar en determinadas épocas del año.

También ella tenía un mayor tamaño, como yo, pero los aterramientos y la desecación de los terrenos para su utilización agrícola la llevaron a su dimensión actual.

Tenemos vegetaciones parecidas: los carrizos, los juncos y las cañas que nos modifican los colores según la época del año en la que estamos.

La presencia de aves es fundamental, los patos comunes, pollas de agua, carriceros, esquivos, buitrones; un gran número de aves lo utilizan como descanso de sus procesos migratorios o para pasar el invierno, como ocurre, en otra medida, conmigo.

Ver la laguna es muy fácil. En cambio, ir a visitarla y entrar resulta algo más complicado porque es propiedad privada, como muchos de los lugares que tengo alrededor. Lo mejor es admirar este entorno desde los montes que la delimitan, tanto al sur como al norte. Se puede ver desde el Cabeçol, un pequeño montículo cercano y de formación primigenia que os permitirá admirar esta joya de la naturaleza.

Da la sensación de que el Ayuntamiento de Cullera ha comenzado una actuación para crear una pasarela y un observatorio de aves en este espacio emplazado en el parque. Lo que se pretende es abrir una pequeña ventana a este lugar porque, en la actualidad, todavía no es posible hacerlo.

Se ha creado también una ruta interpretativa desde la ermita de Sant Llorenç hasta la balsa, de manera que se puedan ha-

< Vista aérea de la Bassa de Sant Llorenç para situarla, tanto en tamaño como en magnitud, al nivel de sequía en el que, generalmente, se encuentra. Las otras imágenes de la *bassa* están tomadas desde distintos lugares del monte el Cabeçol, al cual es fácil acceder.

cer labores de divulgación del entorno para transmitir a todos aquellos que se acerquen lo verdaderamente importante que es este lugar.

Disfrutar de la gran diversidad de esta pequeña balsa nos permitirá acceder a un ecosistema natural donde podremos andar y pasear con tranquilidad y paz, en contacto con el aire puro de la zona, muy próxima al mar, y el acceso al observatorio de la avifauna, que servirá también para atraer visitantes que no solo quieran playa y vacaciones, sino un turismo ornitológico y de disfrute de este increíble lugar.

Me alegra saber que los políticos están trabajando para mejorar las condiciones de la balsa desde todos los puntos y con todas las herramientas a las que pueden tener acceso para salvar a mi hermana.

Los actuales dirigentes del Ayuntamiento de Cullera pretenden poner fin a décadas en las que la Bassa de Sant Llorenç no ha sido una de las prioridades de los diferentes consisto-

rios que han tomado parte importante en la dirección de los recursos del municipio.

Si, a pesar de todas las dificultades de acceso y del estado actual de la laguna, alguno de vosotros se quiere acercar a verla y a hacernos un rato de compañía, los mejores meses son de septiembre a mayo, antes de que la presión turística de la zona empiece a hacerse algo insoportable. La zona del Cabeçol creo que es la mejor para conocer ese entorno.

Existe otra posibilidad que creo es muy atractiva, aunque las vistas son algo más lejanas, pero tienen el encanto de cubrir mayor dimensión para situar la balsa en toda la fisonomía de mi cuerpo. Subiendo en dirección al castillo de Cullera hay un camino que lleva al radar meteorológico que llamáis «la bola». Desde ahí podéis verme entera como se puede apreciar en la imagen de la página 14, aunque hay diferentes vistas que pueden cubrir otras expectativas.

Bassa significa 'balsa de agua' en castellano, un hueco en el terreno que generalmente es impermeable y por lo tanto es susceptible de almacenar agua, tanto de lluvia como la que le pueda venir de niveles freáticos.

Que su nombre sea el de Sant Llorenç tiene que ver con la ermita de San Lorenzo, que está ubicada en la misma zona del Dosel, donde se ubica la *bassa*. El día 10 de agosto se celebra la fiesta mayor de esta zona muy cercana al faro de Cullera.

COMO LA SERPIENTE SANCHA

Abrazó tan fuerte a su amigo que acabó con su vida. Su alegría fue tan grande al verlo que no midió sus propias fuerzas.

La propia inconsciencia de su tamaño frente al de su mejor amigo acabó con una amistad que había durado décadas.

Si hay algo que se puede asemejar a la fuente de la vida esa soy yo, el agua. Y sí, soy tu amiga aquí desde siempre.

Recorro el mundo de parte a parte, de norte a sur y lo riego con rocío de vida para que surjan y vivan todas las especies.

Guardo todas las memorias de la tierra, esas que no son de nadie..., esas memorias que nos pertenecen a todos, a todos.

Reflejo el cielo en la tierra y te muestro la dualidad de este mundo, tan pronto te muestro una cosa como su opuesto; el universo convertido en una laguna de agua dulce donde se refleja la vida de todos los seres que habitan.

Cuando vienes a mi lado, encuentras la paz que necesitas para observarte y reconocerte en cada reflejo que te regalo.

Puedo ser cada uno de vosotros a través de la película del reflejo hasta que un soplo de viento os borra de la superficie.

En el silencio, en la paz y en la serenidad que encuentras a mi lado te regodeas y sientes la inmensidad de la creación.

Las turbulencias de la vida se transforman en meros juguetes de la mente que os mueven desde la mayor inocencia.

Atraviesa el reflejo y sumérgete en el fondo, podrás averiguar todo lo que yo sé, y yo podré vivir lo que tú puedes sentir.

Soy el lugar donde los ríos y las lluvias van a parar para elevarse después como una niebla o emerger como las nubes.

La leyenda de la serpiente Sancha fue publicada por Vicente Blasco Ibáñez en 1902 dentro del primer capítulo de su novela *Cañas y barro*.

En la Casa Forestal situada en el Saler se puede ver un panel cerámico que adorna el pavimento de la sala principal de la planta baja que representa la leyenda contada por Don Vicente.

Muchos son los barqueros que en la actualidad cuentan esta leyenda en sus paseos por mis aguas, divirtiendo y jugando con los más pequeños de los que se acercan hasta aquí.

En el silencio de mi compañía, muévete hacia ti mismo, siente esos miles de imágenes que he podido reflejar y sentir.

Déjate morir a eso que crees que eres, a eso que esperas que suceda, porque un soplo de viento borrará todo tu reflejo.

Libera todo lo que tú eres, deja que las lágrimas liberen de ese subconsciente todas las creencias que controlan tu vida.

No se puede domar la existencia, nadie puede domar al agua, es necesario darse cuenta de que esto es todo un sueño.

Ahora no comprenderéis que lo que habéis hecho aquí ha sido la mejor manera de amar y querer vivir vuestro sueño.

Pero, cuando se pare el viento y el agua se calme, podréis veros y contemplaros y podréis dejar el control de aquello que amáis.

Volad alto y disfrutad de vuestro reflejo en mis aguas, eso sois vosotros mismos, aquellos que siempre habéis querido ser.

No os dejéis llevar por aquello que otros os digan de ser, porque siempre sucede que uno, a sí mismo, nunca se ve.

Así no me volverás a abrazar como hizo Sancha a su amigo, con quien acabó por no saber mirarse en su reflejo.

51

¡AHORA LUZCO VERDOSA Y OSCURA!

Se acariciaron los años, uno tras otro, y fuimos aprendiendo todos.
Dejamos desarrollar pequeños remansos de tierra en varios periodos.
Uno, de más grandes dimensiones, fue tomando cierto acomodo.
La vida se encargó de abarrotar de especies endémicas cada recodo.

La naturaleza determinó, a pesar del suelo salino, desarrollar un palmito.
Nacía de forma silvestre, de porte bajo y crecimiento de a poquitos
hasta que llegó un momento en que la isla se cubrió entera de palmitos.
De ahí el bonito nombre: el Palmar, para los que gusten de estos hitos.

Parece que fueron unos pescadores quienes la llamaron de ese modo,
esos que venían del pueblo de Ruzafa y que faenaban muy hacendosos.
También parece que fue así, poblaron y habitaron la isla poco a poco
y se enamoraron mirando al cielo que hacía mis parajes más lustrosos.

Todos podían vivir de las riquezas de mis aguas y la fuerza de la tierra.
Fueron llegando de lejos otros que buscaban sus propias estrellas,
habitantes de Torrent, un pueblo comerciante, fabricantes de esteras
explotaron las hojas de palmitos silvestres para convertirlos en escobas.

En los años sesenta el agua que me llenaba entera era completamente transparente y abundaban formaciones de macrófitos acuáticos y algas como la cama de rana, la milenrama, las espigas de agua y las charas, entre otras, como son los *brossars*, *asprellars* o *barrellars*, etc., que daban cobijo a comunidades de peces e invertebrados acuáticos. Si a eso le añadimos la buena calidad del agua que se recibía de los caudales naturales, mi transparencia era absoluta.

En los años setenta, consecuencia de la presión de los pueblos cercanos, los vertidos urbanos, la contaminación industrial y también la agrícola, mis aguas evolucionan hacia una máxima eutrofia, que significa un exceso de nutrientes que llenan el agua y no dejan pasar la luz del sol, por lo que las plantas subacuáticas van muriendo y no se puede realizar el filtrado del agua de manera natural porque ya no existe flora en el fondo de mi laguna.

Ese es el motivo por el que mis aguas están verdes y oscuras. Espero que en un futuro no muy lejano podamos recuperar la transparencia en todos los sentidos todos juntos.

Artesanos del carrizo mostraron sus dotes de gran creatividad,
fabricaron techos y cortavientos con los tallos secos de todo el cañar,
secaron las inflorescencias para las escobas y las casas poder adornar,
y las hojas, como forraje, se utilizaron para el ganado alimentar,

los juncos, para unir y enlazar con gran resistencia, techos y cestos,
pero dejaron muchos para que utilizaran los animales como piensos.
La enea hizo la vida más cómoda y sillas para sentarse fueron virales,
también lo fueron los canastos para acarrear por aquellos andurriales.

Agradezco que dejaran las masiegas prácticamente dentro de mis aguas,
así pude, durante años, depurar la totalidad del lago cortejándolas,
manteniendo una transparencia que fue la envidia de todas las pozas,
la alegría para todas las especies que vivieran y me agradeciesen a solas.

Hoy con gran tristeza encuentro vacía la existencia de mis aciagos días,
ni la enea ni el carrizo, ni tampoco los juncos o los palmitos escamparías
y ni siquiera me cuidas para poder estar hermosa, diría que me repudias
con lo fácil que es cuidar a quien te cuida, pero eso aquí ya son utopías.

Ullals

Los manantiales de la abundancia no están en las plazas, sino en los campos;
solo puede abriros la libertad y dirigirlos a los puntos donde los llama el interés.
GASPAR MELCHOL DE JOVELLANOS

Los *ullals* son manantiales de agua dulce que tienen su origen en afloramientos de acuíferos subterráneos. Sirven de hábitat para una diversidad de especies de aves, insectos, peces, crustáceos y vegetales, algunos de todos ellos en peligro de extinción, como lo es la del *samaruc* en el Ullal de la Mata y también en el de Senillera.

Estos *ullals*, en su mayoría, se encuentran en mi perímetro, en la zona de la *marjal* y antiguamente también los había, en importancia y gran cantidad, en mi interior.

De estos manantiales surge agua continuamente y procedente de capas profundas del suelo, libres, por tanto, de contaminantes que me garantizan una calidad excepcional de esta agua. En estos momentos, estos *ullals* son especialmente importantes para limpiar mis aguas.

Muchos de estos *ullals* han quedado enterrados debajo de los sedimentos y se tendrían que realizar labores de recuperación para que, quizá, pudieran estar otra vez operativos.

Ejemplos de recuperación han sido el Ullal de Baldoví y el dels Sants, ambos en el conjunto de surgencias denominado Na Molins, y que ha significado un éxito en cuanto a surgencia de agua y de mantenimiento de la biodiversidad existente en esa zona.

En la actualidad, existen alrededor de cuarenta manantiales en el entorno de la Albufera, quince de ellos están ya restaurados o con proyecto de restauración, pasando de ser vertederos a ser un lujo de paisaje con surgencias de agua extraordinarias por su calidad y su caudal y que, a su vez, mantienen una biodiversidad en su interior digna de dedicar recursos para su conservación y puesta a punto.

Pasar un rato disfrutando de estos lugares y de estos espacios de magia es fundamental para poder entender lo que soy y lo que somos. Es importante sentir los lugares y poder observarlos para poder sacar, cada uno, sus propias conclusiones de lo que significa la vida y la naturaleza.

Botellas, botes, plásticos, hierros son la basura más común de estos lugares. Es lo mismo que existe dentro de mí y que algún día, no muy lejano, tendréis que ayudarme a sacar si queréis cuidarme como me merezco y no dejarme morir o desecar bajo toneladas de metales pesados, escombros o contaminantes variados.

Es necesario que los niños visiten estos lugares como parte de su formación y aprendan a valorar y a cuidar todos los entornos que la naturaleza os regala para mantener la vida.

¿Por qué destruís todo aquello que os da de comer?

< Vista del Ullal de Baldoví, en el término municipal de Sueca. En él se aprecian las surgencias del agua y la constante desembocadura a las arterias de agua en la Séquia del Clot o del Canal del parque natural de la Albufera.

ULLALS DE NA MOLINS

Los separan doscientos metros escasos. Un pequeño paseo entre caminos, casi inundados en pleno invierno, unen el Ullal de Baldoví con el Ullal dels Sants en las faldas de la montañeta del mismo nombre.

Los dos manantiales pertenecen al término municipal de Sueca. El de Baldoví tiene en la actualidad unos 4500 m² y una profundidad máxima de unos 3,5 metros en los puntos de salida del agua. El caudal de la surgencia se aproxima a los 150 litros por segundo. El de Sants es mucho más reducido, pero de las mismas características que el anterior.

En ambos espacios podemos contemplar algunos de los peces autóctonos, como son el *fartet* o el *samaruc*, y alguna de las aves, como cigüeñuelas y *fumatells*, también alguna avoceta o garcetas. El Ullal de Baldoví es un área de gran tranquilidad y de paz donde el paso de los coches queda lejos y puedes disfrutar del silencio de la observación.

Son un remanso de paz. El agua brota de ellos como antaño y se nota que la vida, de nuevo, ha llegado a estos espacios donde las aves, los peces y los pequeños anfibios han vuelto a poder vivir y convivir, han vuelto a disfrutar de unos espacios que nunca se debieron de perder.

Sentir estos espacios, imaginar cómo serían antaño, cuando el agua estaba limpia y brotaba libre, puede ser todo un ejercicio de aprender a respetar aquello que nos vamos encontrando cada uno de los días, sean personas, animales o cosas...

Estos lugares tan interesantes junto a mí pueden llegar a descubrirte por el simple hecho de observarlos con amabilidad, con dulzura y con empatía. Forman parte de ti. Tú y yo somos lo mismo porque venimos del mismo lugar, del sentimiento de alguien que fue capaz de imaginar lo que tú y yo estamos viviendo ahora delante de estos *ullals* que son un milagro de la naturaleza.

< Los *ullals* que son surgencias de agua limpia y cristalina, generalmente, tienen una forma ovalada que recuerda a los ojos, y de ahí su nombre en valenciano de *ullals* u ojos.

Estos *ullals* se convierten en la única aportación de agua limpia que me queda cuando bajan las del río Júcar principalmente. De ahí la importancia de su recuperación, si bien hay que reconocer que algunos de ellos, aunque se limpien, no conseguirán que el agua vuelva a brotar.

> Existe una ruta en la zona de Albalat de la Ribera de una distancia especialmente atractiva que une los *ullals* que allí se encuentran y que son los de Senillera, Mula, Gros y Ánimes. Son unos 13 km que se pueden hacer a pie o en bicicleta, pero tenéis que tener en cuenta la época del año por si algunos caminos están inundados.

> En esas imágenes podemos apreciar el Ullal de Senillera y el Ullal Gros, con esa forma tan circular que lo hace diferente a todos. En la fotografía de arriba un detalle de la vegetación y cómo nace del medio del *ullal* a medida que el agua es más limpia y más transparente.

ULLALS DE SENILLERA Y MULA

Estos *ullals*, junto al Ullal Gros y los de les Ánimes, Tancada y Mallorquí están en el mismo término de Albalat de la Ribera.

Suponen una gran cantidad de agua, de gran calidad, para todos los campos de esta zona y unos humedales muy importantes para la biodiversidad.

En 2005 el Ayuntamiento de Albalat, con la colaboración de la Consellería, autorizó a realizar catas para sacar a la luz el Ullal de Senillera, que con el paso del tiempo había llegado a desaparecer, al igual que el de Mula.

Se ha intentado introducir el *samaruc* como pez autóctono y, en la actualidad, podemos encontrar en él el *petxinot* o la *gambeta*, ya extintos en la práctica totalidad de la laguna.

Es una buena idea poder dar un paseo por estos *ullals* y descubrir los valores más importantes que me rodean, porque de ellos surge la verdadera vida que yo necesito.

ULLAL DE LA FONT DE FORNER

Este *ullal* de unos 350 m² está situado en el término de Sollana, junto a la vía férrea Silla-Gandía.

A través de un gran proyecto de restauración del *ullal*, el Ayuntamiento junto a la Universitat Politècnica y la CHJ devolvieron su valor natural y paisajístico, ya que estaba utilizado como uno de los vertederos más importantes de la zona.

Este espacio es como otra Albufera en miniatura, una hermana muy pequeña aunque rodeada de olmos y sauces, un espacio creado por la naturaleza para nuestras necesidades y nuestro disfrute y que hemos destruido sin conciencia.

Es un gran paso de recuperación importante que no podéis dejar de seguir haciendo en otras zonas de mi entorno, puesto que las realizadas son un ejemplo espectacular de lo conseguido.

Ahora da gusto veros pasear por aquí, sentir que las aves me invaden de nuevo y me alegran con su vida tan activa.

Matas

Amar a la naturaleza forma parte del amarse a uno mismo.
PABLO SAZ

Las matas que me acompañan son una especie de islotes de vegetación que han servido para ir limpiándome de los residuos del día a día y como una importante reserva de aves.

En la actualidad cuento con la Mata del Fang, la Mateta de Baix, la de la Barra, l'Antina, la de Sant Roc, la de Rei y la Manseguerota.

La pérdida de calidad de mis aguas ha incidido muy negativamente en la evolución de estas matas. Su retroceso en estos últimos años ha sido de un 30 %.

La progresiva extinción de las algas que flotaban por el *lluent* y que frenaban la erosión del oleaje ha dejado expuestos a los juncos, carrizos y eneas a la fuerza de los temporales y estos han ido reduciendo su superficie.

Por otra parte, en el interior de las matas se está perdiendo la vegetación a consecuencia del incremento de la salinidad que dejan los suelos desnudos. Esto puede ser debido a que el aporte de agua que obtengo desde el río Xúcuer es insuficiente y no permite las renovaciones de agua limpia.

Es cierto que estáis tomando medidas y haciendo diversas actuaciones para tratar de evitar la desaparición de estas islas, pero cada vez resulta más difícil porque el problema es la falta de calidad del agua y del aporte básico que necesito para que puedan volver a ser lo que eran.

Desde que don Vicente escribiera el libro de *Cañas y barro*, que me dio a conocer al mundo entero, hoy en día tenemos que ir reconociendo que el barro le está ganando la partida a las cañas de una manera exagerada, un barro que tampoco tiene una vida muy activa porque ha ido perdiendo toda la flora que lo cuidaba y lo asentaba adecuadamente.

Estas islas, que tanto necesito y que actúan como una especie de filtro de todos los residuos que es necesario limpiar, hay que recuperarlas de la manera que sea, pero es importante que nos centremos en ese objetivo.

En la Mata del Fang habéis hecho una reserva de aves que está siendo fundamental para mantener tanto su población como sus procesos de nidificación, tan importantes para su continuidad en el parque.

En las orillas de las Matas de la Barra y del Fangaret se han plantado, hace bien poco, por el servicio Devesa-Albufera del Ayuntamiento de València alrededor de unos 450 ejemplares de cuatro especies amenazadas como son la madreselva, la escutelaria, la malva de agua y una especie de juncia que ayudarán a mantener una biodiversidad importante y rica en esta área en concreto del parque.

Los que tienen que agradecer, de verdad, que estos islotes de vegetación existan y estén perfectamente cuidados son los mi-

< Fotografía que muestra la Mata del Fangaret en primer plano y al fondo la Mata del Fang, que es la actual reserva de aves. También podéis apreciar la Devesa y parte de la restinga.

les de aves que aprovechan para hacer la nidificación y resguardarse de los posibles peligros que puedan encontrar fuera.

Pero nada como acercarse por aquí y en una barca de paseo poder disfrutar de estos islotes que esconden todo tipo de sorpresas. Un paseo con toda la tranquilidad, sin prisas, saboreando cada rincón y cada revuelta en cada una de las matas.

Qué bueno es poder parar el motor de la barca y dejar que el viento la arrastre hasta las cañas para tener la sensación de la suavidad con que el agua y el viento hacen las cosas de manera diaria.

Hay que llevar unos prismáticos para ver de cerca las aves, sus movimientos y sus danzas alrededor del carrizo, la enea o las cañas, y poder admirar sus colores y sus texturas.

Estoy muy ilusionada con los tiempos que siento que vienen, con el crecimiento de la concienciación que estoy descubriendo, cada vez más, en todos vosotros y en el grado de implicación de algu-

nas personas que están mucho más involucradas en la recuperación de espacios de naturaleza que, durante algún tiempo, hemos sido maltratados.

Estoy convencida de que las decisiones que se están tomando de aumentar las aportaciones de agua limpia, de agua de calidad en cantidades importantes y prolongadas en el tiempo, junto a un proyecto de dragado de algunos de mis fondos, garantizarían la recuperación de mi entorno.

La riqueza de la vida, lo que quiera que sea eso, tiene necesidad de estructuras que la ayuden a desarrollar toda su belleza y toda su grandeza.

Las islas existentes son fundamentales para mantener la biodiversidad que rodea todo mi entorno y dan la posibilidad de que determinadas aves puedan favorecer a la vida y protegerse en ella. No podéis olvidar que los fondos de las matas también juegan un papel importante en el equilibrio de todo.

LA MATA DEL FANG

Hay clavadas unas estacas en el fango. Todas en línea recta y con un cartel pegado a la madera que indica que no tenéis permitido el paso, ni siquiera los barqueros de la laguna.

Recuerdo que veníais pronto por la mañana y os llamó la atención la cantidad de aves que cantaban a la salida del sol y el *guirigall* que estaban armando.

En ningún lugar del lago hay tantas aves como en la reserva de la Mata del Fang, en ninguno.

Al fondo se oyen los tiros de los cazadores. Las aves se refugian donde saben que están seguras de esos disparos al aire. Como ellos vean que las aves se acercan, no se librán, por lo menos, de un susto que incluso puede acabar con su sonrisa.

Un monitor de Seo Bird Life explica a unos estudiantes encima de la barca las características y lo que se realiza en la Mata del Fang refiriéndose a que es una zona de nidificación y donde las garzas pasan el invierno. Podrán experimentar con las aves y proceder a anillar a alguna de estas personalmente para saber la importancia que tiene esta tarea.

Se encargan de estudiar todo lo relacionado con la nidificación, las puestas y los anillamientos que les permiten hacer un seguimiento a distancia de las aves que por allí han pasado.

Estudiantes voluntarios del programa Life Followers entran en la mata para ver y estudiar los nidos que van encontrando.

Les sirve como formación académica y ayudan a los biólogos a la realización de las tareas propias de protección de las aves.

Si bien es maravilloso albergar aves migratorias de Europa, se va viendo que el número de parejas que realizan sus nidos aquí son menos año tras año, con la excepción del morito común o ibis, que está aumentando su número.

> Esta reserva integral de fauna, que es una medida de protección muy importante, necesita de una paz y de una tranquilidad especial para que sus habitantes estén tranquilos y sin sobresaltos. Así, en pleno invierno podréis ver toda clase de anátidas en sus lares disfrutando de un espacio únicamente para ellas. No obstante, en ocasiones, el paso de piraguas y embarcaciones pequeñas o los disparos de algún cazador generan molestias que provocan agitación en los grupos que descansan allí.

LA MANSEGUEROTA

La mañana está fría y mis aguas muy tranquilas. No hay prácticamente brisa y la niebla pinta el ambiente. Se oye el motor de una barca *pulputeando* dentro del lago que va abriendo la niebla y se hace transparente hasta que aparece delante de sus ojos, a muy corta distancia, la Manseguerota.

Veo que están sacando fotografías al conjunto de la isla. Les llama la atención la cantidad de aves que por aquí pasan el tiempo y vuelan alrededor de todas las cañas.

¡Qué dirían si vieran las dimensiones de la Manseguerota de antaño! Hace quizá no más de cincuenta años, las aves inundaban de nidos toda la mansiega y sus cantos volvían loco a cualquier barquero amigo.

Hoy, tan solo es una pequeña isla a la que ayudan unos humanos muy laboriosos para que no desaparezca, que se esfuerzan en limpiar, en proteger la vegetación por arriba con estacas, y con redes por debajo de ella, poniendo plantas au-

tóctonas para que su crecimiento ayude a repoblar una isla necesaria en mi cuerpo.

Es un vergel en medio del lago que solo se disfruta si vienes en barca y te quedas, solo sintiendo lo que ves, disfrutando de los juegos de las aves recorriendo las estacas, las antiguas y las nuevas, observando el espectáculo.

¡Cuánto ha menguado la isla en estos últimos cincuenta años!

El barquero empezó a contar que su amigo Robert un día sacó un lucio que pesaba casi cinco kilos, lo que algunos ni viendo la foto se creían. Era tal la riqueza que existía hace unos cuantos años que quizá ahora no se pueda entender el proceso que ha llevado a tener mis aguas verdes y oscuras.

Yo me pregunto cada día ¿Qué sería de mí si la Manseguerota desapareciera? ¿Dónde pasarían el tiempo las aves y los barqueros?

< Estacas situadas en la zona de exclusión de la Mata del Fang. Los carteles de prohibido el paso rezan en todos y cada uno de los postes. Es un espectáculo ver el juego de las aves apoyándose en estos postes y sus idas y venidas constantes para ocupar los mejores lugares.

Estas imágenes fueron captadas desde una barca en el atardecer de un mes de diciembre cualquiera.

^ Las estacas que se ven, ya desgastadas, de la Manseguerota sirven en la actualidad a las aves para sus juegos y para su descanso. En la foto de la siguiente página se observa mejor parte del espectáculo que allí se puede observar.

ACEQUIAS Y CANALES

No se aprecia el valor del agua hasta que se seca el pozo.
PROVERBIO INGLÉS

Son el sistema circulatorio, nervioso y el sistema linfático de mi cuerpo, haciendo una cierta comparación con el vuestro.

Por ellos me llega absolutamente todo lo que necesito para vivir y sale todo aquello que como residuo no puedo mantener dentro de mí.

Por ellos me comunico con todos los lugares más alejados de mi cuerpo y a través de ellos recorréis de parte a parte toda la geografía de mi entorno.

Los agricultores se los saben al dedillo y abren y cierran acequias a medida que quieren que circule en una determinada dirección o que me quede quieta en algún momento del año, una obra de ingeniería que permite a todos y cada uno de los que aquí vivimos mantener nuestro estatus de vida.

Agricultores, pescadores, cazadores, todos reclaman agua porque todos la necesitan: un complicado conflicto de intereses que es difícil de asumir en la época actual, máxime cuando resulta tan curioso que quien gestiona el agua no es ni dueño ni señor de la Albufera, ni una comisión de sabios, ni de astutos, sino una sociedad que es una confederación y estatal.

Reconozco que yo soy la joya de la corona, la laguna que da vida a todos aquí, la cuarta en discordia que necesita agua

para seguir manteniendo el ambiente y un determinado nivel para no dejar de vivir y poder compartir, aunque cada día pienso que resulta más complicado poder sobrevivir aquí.

Los romanos crearon las acequias y los canales para que el agua circulara y pudiera dar vida a todo lo que se había construido.

Las acequias precisan estar limpias para poder realizar su función de la manera más eficaz, aunque en ocasiones están llenas de cualquier cosa que se os ocurre tirar dentro de ellas. Os podéis llevar grandes sorpresas cuando os ponéis a limpiar cualquiera de ellas.

Si tengo un entramado parecido al vuestro es mi sistema de acequias y canales por las que voy discurriendo para comunicar el total de mi maltrecho cuerpo y un pequeño corazón que ha quedado de mí que acumula la cantidad de agua necesaria para que todos sigamos viviendo.

Siento que me estáis ayudando a limpiar mis canales y acequias, veo que constantemente vais dragando kilómetros de acequias, pocos, pero kilómetros. También veo que habéis desbrozado canales, motas y orillas de mi laguna para que se mantengan en un buen estado y que todos podamos utilizarlas con normalidad. Es una buena noticia, pero no podéis flaquear en esta tarea y deberíais mantenerla en el tiempo.

Las imágenes que se muestran son de amplias acequias. Existe también una compleja y extensa red para el riego que ha ido adaptándose a las necesidades de cada momento, un sistema para distribuir el agua que ha requerido el uso de norias, compuertas, motores, partidores, etc., así como puentes, caminos, pasos...

< Canal de Dalt con el reflejo de las nubes a media tarde. Se puede ver al fondo el Motor de la Casota junto a la Casa de Baldoví. En el medio podemos apreciar el Motor del Fangar a la derecha del canal y en primera línea a la izquierda vemos el motor de la barraca.

< La primera fotografía de más a la izquierda muestra la carrera de la Reina, que nos lleva desde el Perelló hasta el Palmar y nos permite pasar por todos los canales del interior de la pedanía.

En la fotografía de arriba vemos la unión de la Séquia Nova y la Sequiota Llac de l'Alcatí casi a la altura de la Gola del Perellonet.

Esa retirada de cañas y vegetación que flota sobre mis aguas y que os impide circular con normalidad nos hace mucho bien a todos. Pero, felicitándoos por esta tan gran tarea, hay que ser conscientes de que no podemos desfallecer.

Tener limpias las arterias que nos comunican a todos es una garantía de no morir por un infarto o una angina de pecho, como llamáis vosotros a ese suceso que no le sienta bien a nadie, incluida yo misma.

El correcto funcionamiento de toda mi red arterial es de vital importancia en la recirculación de las aguas de riego para los arrozales, especialmente en determinados momentos de cultivo de la planta.

> Carrera de la Reina saliendo del embarcadero del Palmar hacia la laguna. Podemos ver los primeros embarcaderos privados y las primeras barcas de paseo.

Golas

Fue cuando comprobé que murallas se quiebran con suspiros
y que hay puertas al mar que se abren con palabras.
Rafael Alberti

Las gargantas o golas de comunicación que he tenido con el mar han existido prácticamente desde siempre, si bien no han estado abiertas o cerradas del todo y se han utilizado para desaguarme y para posibilitar que los peces puedan entrar en la laguna desde la mar en grandes cantidades para que críen dentro de mí.

Desde el momento que los aterramientos van a más y los agricultores precisan de una desembocadura controlada donde poder desaguarme y tener sus ciclos, se plantean la construcción de unas golas que les den servicio.

No sin pocas discusiones y algún que otro enfrentamiento entre los pescadores y los agricultores, finalmente se permite la construcción de tres golas o bocas artificiales con compuertas que me comunican con la mar: la Gola del Perelló, la de Pujol y la del Perellonet.

Estas golas tienen que ser lo suficientemente ágiles como para poder desaguar la laguna, pero también asegurar la entrada de peces que se necesitan para seguir manteniendo esta actividad.

Existen otras dos golas pero estas son solo de desagüe de los campos de Sueca y Cullera, como son la del Rei o del Mareny y la de Sant Llorenç.

Yo recuerdo que desde 1743 se está hablando ya de la primera gola para construir, que es la del Perelló. Una gola que se lleva las buenas opiniones de arroceros y de pescadores, aunque unos, los pescadores, preferían la de Pujol y los otros, los arroceros, la de Cullera. Al final, el ojo del ingeniero y los argumentos que utilizaron para convencer a unos y a otros son los que llevaron a construir esta primera gola.

Posteriormente se construyó la Gola del Perellonet, aunque será bastante tiempo después, sobre 1873 cuando se realiza y desde ahí se aumenta la posibilidad de desaguarme hacia el mar.

La última obra que se realiza a conciencia es la Gola de Pujol en el año 1953 para paliar los problemas de desagües que se habían producido, y es quizá la que vosotros más conocéis porque es el único mirador a la laguna.

Dentro de estas golas encontramos multitud de especies que viven en estas zonas salobres y para las que son mucho más interesantes que el agua más dulce de la laguna, aunque ese sabor dulce del agua, cuando sale, atrae a muchos peces a esos entornos.

Si no recuerdo mal, aunque esto no lo puedo asegurar, se abría una boca en el mes de enero y así estaba hasta que comenzaba el buen tiempo.

< La Gola del Perelló fue ampliada en el siglo XVIII porque sus dimensiones eran un tanto reducidas para las necesidades que se planteaban. Posteriormente, en 1912, se mecanizaron las compuertas para que se realizara la función de regular el nivel de la Albufera en buenas condiciones y que a su vez impidieran la entrada del agua del mar en momentos de temporal.

< La imagen más a la izquierda es la de la Gola del Rei, la más antigua de todas. En la actualidad solo evacúa las aguas de la Marjal de Sueca y de Cullera. La imagen más a la derecha es la Gola de Pujol, lugar de encuentro para ver la puesta de sol cada tarde durante todos los días del año.

Esta gola tiene una longitud de 1 km y un ancho de alrededor de 45 m. El nombre de Pujol quizá hace referencia a una colina o dunas que estaban cerca del canal y que tenían una elevación de alrededor de 10 m.

En la Edad Media, me abrían cada dos años, quiero recordar, siempre en función del tiempo, la cantidad de pescado y, en todo caso, cuando tenía un nivel de flujo demasiado alto y había que desaguar.

En definitiva, era una gestión que se realizaba en función de los intereses de agricultores y pescadores.

Desde siempre, han sido los pescadores los encargados de su mantenimiento. Se les podía castigar por pescar entre los cañizos de la compuerta, también multar por destrozar el cañizo o por navegar por la gola cuando esta estaba abierta.

Hoy en día es una Junta de Desagüe la que toma las decisiones sobre las compuertas y sobre las bombas que tienen puestas en cada una de las golas, de manera que mis niveles de agua y el de los campos de arroz fuera el adecuado para su cultivo.

Durante muchos años no han existido graves problemas en la gestión de los niveles porque me entraba mucha agua y podían tener abiertas las compuertas, seguían entrando los peces y se renovaban las aguas.

En la actualidad, con el problema de mi falta de agua, existen conflictos porque hay que mantener ciertos niveles para navegar, para la pesca y la necesidad de agua que quieren los agricultores para sus campos, que se debe respetar.

Un problema añadido que se me plantea es la necesidad de dragar estas golas, especialmente la del Perellonet y la del Perelló, por una acumulación excesiva de detritos que imposibilita el correcto funcionamiento de los recorridos del agua. Este dragado afecta también a acequias y canales que se comunican con estas dos golas.

El proyecto es muy importante y espero que se pueda llevar a cabo en su totalidad.

> La imagen de arriba corresponde a la Gola del Perellonet. Es en esta gola donde se practica, en las noches de los meses de invierno, cuando la normativa lo permite, la pesca de la angula.

El origen del pueblo del Perellonet está ligado a la construcción de esta gola, pero no fue hasta 1950 que no se inauguró el poblado compuesto por unas veinte casas y una parroquia, la de la Mare de Déu del Carme.

En la imagen de abajo vemos los detalles de la Gola del Perelló algo más ampliados que en la fotografía del inicio de este capítulo.

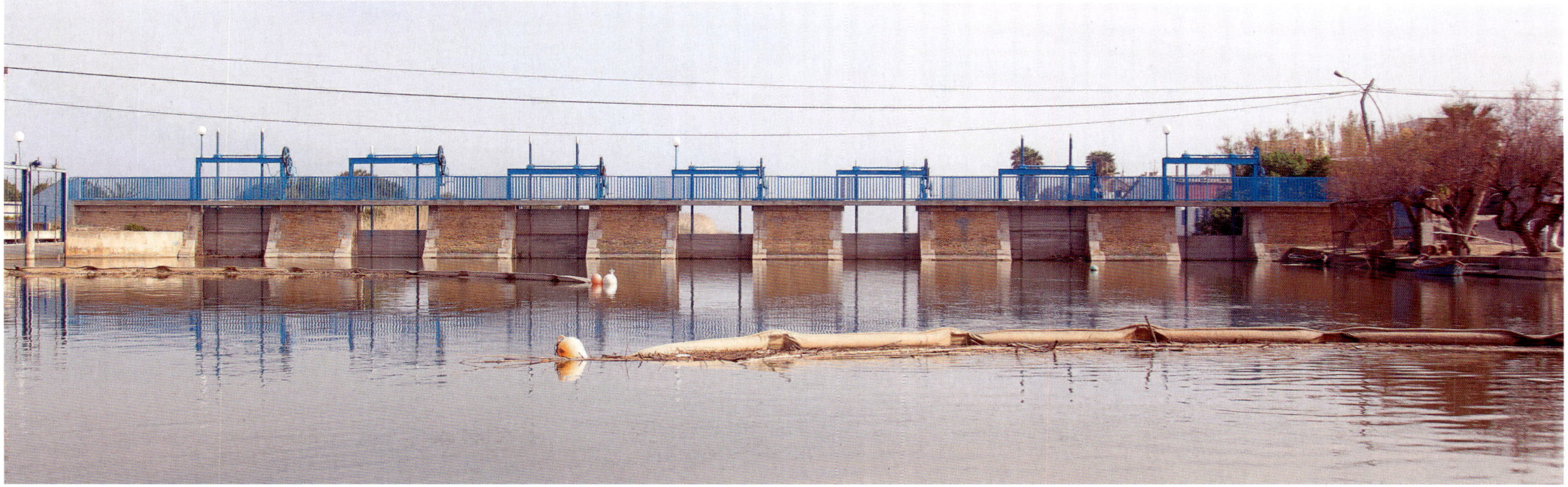

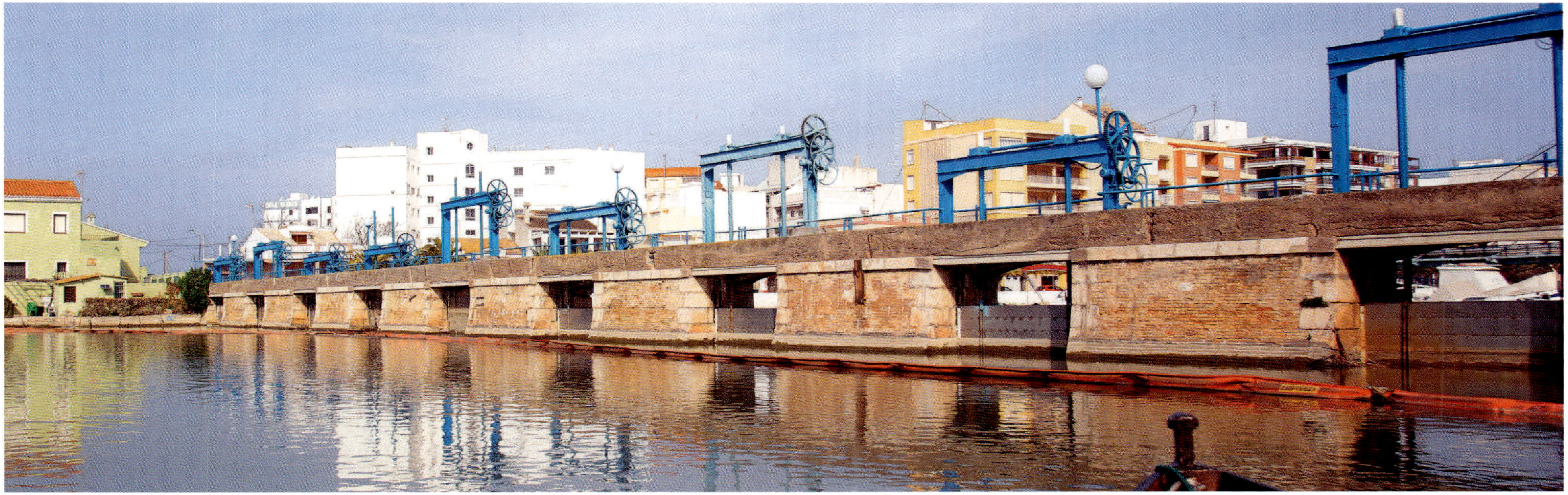

VEGETACIÓN ACUÁTICA

Mira dentro de la naturaleza,
y entonces comprenderás todo mejor.
ALBERT EINSTEIN

Carrizo y mansiega adornan los cuadros que pintan en mis lindes cuando los juncos y las cañas acaban de componer las obras de arte que se descubren a lo largo de mi anatomía.

La enea no podía faltar en todas y cada una de las pinturas que encontráis bajo mis pies y que me ayudan a caminar y a mantenerme porque expresan mi vida y me ayudan a mantenerme limpia.

Sin embargo, la vegetación subacuática, la que vive dentro de mí y me ayuda a mantenerme transparente, prácticamente, ha desaparecido. El exceso de nutrientes que se generaron en esta última parte de mi vida, provenientes del uso de herbicidas y de los vertidos industriales, propiciaron el crecimiento de las algas verdes en mis aguas, que impidieron que la luz llegara al fondo de la laguna.

Por consiguiente, esa vegetación subacuática, que es el principio de toda la cadena trófica, desapareció por un colapso del oxígeno y por lo tanto generó la muerte de todo el hábitat.

El carrizo de caña larga y delgada con una terminación aérea de tipo plumoso y de color llamativo protege el entorno de vientos y tormentas porque miles de aves crían a su amparo.

Sus usos son diversos e interesantes porque de sus tallos se fabrican techos y cortavientos y también se hacen esteras. Las hojas son buenas para el forraje del ganado y con el plumero superior se hacen escobas y adornos florales. Son aportaciones que hacemos aquí en la Albufera a parte de la pesca y la caza.

La enea, de afiladas mazorcas en la parte superior y de tallos medianos, sirve de cobijo a numerosos anfibios y a pequeñas aves. Florece en primavera y tiene una flor de color pardo. El uso que ha tenido esta planta ha sido la cestería y la sillería, y sus espigas se utilizan para confeccionar centros florales. Su uso para la depuración de aguas residuales es un beneficio adicional de esta planta tan importante para mí en todo el entorno.

Otra de las especies acuáticas es el junco, que aparece generalmente junto al cañaveral, la enea y el carrizo. Los juncos adornan y dan belleza a los canales y las acequias, a las orillas y a todo alrededor de mis aguas. También sirve de cobijo a numerosas aves y faunas locales. Sus usos para la cestería y los muebles ha sido importante, pero he oído a algún pescador decir que los juncos son buenos para los retortijones de barriga.

La mansiega se forma en las orillas e islas interiores de la laguna, las que llamáis *matas*. Tiene un gran porte y hojas duras y cortantes y es una de las plantas acuáticas que me

De la vegetación que podéis encontrar en las orillas y en las matas, y las cuales tienen las raíces dentro del agua y el tallo y las hojas emergidas, destacan con sus nombres el *Phragmites sp.* (carrizo), el *Juncus sp.* (junco), la *Typha sp.* (enea), el *Cladium mariscus* (mansiega) y en menor cuantía la *Kosteletzkya pentacarpos* (L.) *Ledeb.* (malva acuática).

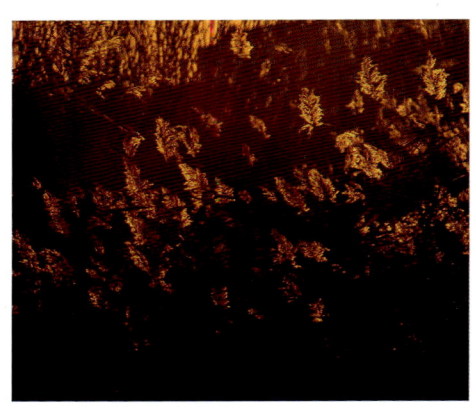   

invade, pero que me ayuda a la absorción del nitrógeno y el fósforo presentes en mis aguas por diferentes motivos.

Lirios, nenúfares, malvas acuáticas... me acompañan en este cuadro de belleza que se recrea cada uno de los días de mi vida, y dan color y sonido a todas las orillas y matas que viven conmigo.

Siento una especial emoción en cada amanecer cuando oigo a las aves despertar en cada uno de los rincones de mis cañaverales, cuando veo entrar y salir a los patos y a las patas cuidando a su prole o a los aguiluchos merodear desde lo alto

para buscar su alimento diario; es un espectáculo ver por su rapidez y habilidad.

Cuando el sol se va, podéis apreciar cómo los rayos de luz van penetrando entre los plumeros de las cañas y de los carrizos haciendo un juego de colores que embellece todos los espacios.

En las noches de viento suave, me acompaña el susurro del movimiento de toda esta vegetación que hace de este entorno un lugar de especial mirada, un lugar para apreciar en la escucha y darse cuenta de que todo a mi alrededor está vivo y vive una vida intensa para compartir con vosotros.

> Imagen de vegetación acuática en forma de matojos en la zona de Flotons del Portet a primera hora de la mañana con las nieblas ya levantando.

Muchas de estas cañas acaban en las orillas o en medio de los canales como consecuencia de los vientos que empujan la vegetación al no tener buenos asideros al suelo. Esto imposibilita, en ocasiones, la navegación por algunos canales que impiden el paso de las barcas, especialmente las de menos tamaño.

UNA BOTICA NATURAL

El médico trata, pero la naturaleza sana.
HIPÓCRATES

Soy una auténtica botica natural donde se puede encontrar remedio para muchas enfermedades. Alrededor de cuatrocientas especies de plantas se encuentran a mi alrededor y con buena salud. Conocerlas es tener la posibilidad de utilizarlas ante cualquier situación anómala porque os ayudarán a cuidarnos y a tenernos un poco más en cuenta.

Mirto, lentisco, laurel, espino negro, jaguarzo, salicornia, siempreviva, labiérnago, zarzaparrilla, coscoja, madreselva y muchas más...

A lo largo de las distintas partes de las que me compone la naturaleza podemos encontrar diferentes lugares con especies, unas autóctonas y otras introducidas en algún momento en mi entorno.

En las dunas podemos encontrar la palomilla de tintes, que es una planta herbácea perenne de unos cincuenta centímetros con unas flores azuladas de color fuerte y que se utiliza para la piel, el sistema inmunitario y alguna especificación más.

Entre el bosque de la Devesa podemos encontrar el enebro marino, que crece fácilmente en zonas arenosas litorales. Actualmente está en una situación vulnerable y se están haciendo trabajos de plantación de esta especie. Entre sus propiedades está ayudar a mejorar el acné, la seborrea, la psoriasis, etc.

Una de las especies más abundantes en el entorno es el lentisco, que se cría en ambientes mediterráneos de inviernos templados. Se utiliza para blanquear los dientes, refrescar el aliento y fortalecer las encías.

El mirto, o la murta, como lo llamáis por València, es otro arbusto abundante en la Devesa en su parte interna que favorece los procesos digestivos y calma la excitación nerviosa. También tiene propiedades antisépticas y sedantes.

Otra de las especies, también abundante de la zona, es el labiérnago o *alardern de fulla estreta*, como os gusta decir a vosotros. Sus hojas tienen propiedades diuréticas.

La coscoja, o *el coscoll*, es otro de los arbustos abundantes y sus propiedades tienen que ver con la riqueza en taninos que tiene la planta. Se utiliza para curtir y para enmascarar el adulteramiento de los vinos.

El jaguarzo morisco, o estepa borrera, es otra de las plantas abundantes en cualquier lugar de la Devesa. Se usa básicamente en la apicultura.

La siempreviva, o *floreta de pasqua*, tiene una presencia en los matorrales más soleados y, aunque no es muy abundante, se encuentra fácilmente. Está indicada para la inflamación

< Flor del higo chumbo. Imagen tomada en el Motor de Curro Zapatos, en el *tancat* del mismo nombre, que se sitúa a la parte derecha de la Séquia Dreta. Existe todavía un *sequer* antiguo de piedra en el suelo. Esta casa es una de las que se ha utilizado para grabar la serie *El embarcadero*.

Los beneficios que tiene para vuestra salud este fruto son importantes: protege el hígado (ideal para las resacas), os aporta gran cantidad de antioxidantes y presenta efectos muy beneficiosos sobre el metabolismo de la glucosa y los lípidos.

de los aparatos digestivo y respiratorio, y también se utiliza para mejorar la insuficiencia del hígado y las cefaleas. Con ella también podemos fortalecer el cabello.

Y en cualquier paseo que os deis por la Devesa o por el Racó de l'Olla podéis encontrar estas especies y otras más que tienen propiedades sanadoras muy importantes.

Tal es el caso del palmito o palma enana, tan abundante en esta zona; el aladierno o *aladern*; el espino olivero o *espí negre*; el bayón o lo que vosotros llamáis *ginestó valencià*; el romero macho y el romero tradicional; el lirio de mar; el limonium de Girard; el junco espinoso o redondo; el rusco; la albaida; la zarzaparrilla; la rubia o *rapallengua*; la madreselva o *lligabosc*; la uña de gato; la coronilla de hoja fina; el hinojo o *fenoll*. El taray y el olmo son árboles dominantes, al igual que el chopo blanco o álamo blanco; el chopo o álamo negro; el sauce o bardaguera; el fresco de hoja estrecha o *fleix*; así como el tradicional pino carrasco, muy abundante en este entorno.

Esta variedad es todo un lujo que podéis encontrar alrededor de mis aguas y en la Devesa y que os permitirá a todos poder valorar adecuadamente la importancia que tienen todas y cada una de las especies que aquí se siguen manteniendo vivas y ofreciéndoos soluciones a aquellos problemas de salud o de incomodidad que se os pueden presentar en cualquier momento en vuesta vida.

Es importante apreciar este tesoro que todavía se conserva junto a mí. Si olvidáis lo que las plantas os ofrecen y no contempláis tener cierta iniciativa para entrar en ese conocimiento, puede ser que se quede como algo bonito y bello, pero no llegaréis a entrar en el fondo de la vida, en su esencia, en sus aromas, en sus propiedades, en sus ventajas y, en definitiva, en el motivo por el que fueron creadas, que tiene que ver con vuestra salud y la de todo el planeta.

Aprovechad que las plantas están siempre a vuestro lado y que podéis interactuar con ellas de una manera fácil.

Fotografías tomadas en diversas orillas o motas de los campos de arroz, así como en las orillas de la laguna y especialmente en el Racó de l'Olla, donde existen casi todas las que aquí se han mencionado.

Niebla

¡Qué extraño es vagar en la niebla! Ningún hombre conoce al otro.
Hermann Hesse

Hoy me he vestido de gris, del gris y blanco que adereza la espesa niebla
para que veas, de una manera estrecha, un estado de profunda soledad
donde no puedes ver más allá de unos cuantos palmos de espacio
y donde el cielo parece que te oprime contra el frescor de la marea.

Son unos inviernos de una belleza exquisita, selectos y elegantes.
Aparezco como en penumbra y descubrirme así vestida genera la magia.
Espero que la luz del sol, ya avanzada la mañana, me cambie de color
y ofrezca mi aspecto actual, que es el que verá todo el que aquí viene.

Los pescadores tienen dificultad para transitar las mañanas de invierno,
pero la verdad es que vienen de noche para descubrir mi corazón tierno.
Entran despacio, piensan y recogen la pesca que espera con paciencia.
Disfrutan el ambiente difuso que se crea en el agua cuando no hay viento.

Es como si se escondieran en la bruma cuando su barca me penetra
y descubrieran mi cuerpo, tranquilo y sereno en su avance romancero,
como si el tiempo se detuviera y los sonidos se apagaran al momento
para poder hacer el amor, despacio, lento, desde la paz y el silencio.

Cuando me abrazas y me amas, la niebla deja de existir.
Paseas por mi cuerpo y haces el amor casi de rodillas.
Los aromas de la niebla embelesan tus quehaceres.
Aparece el fantasma de la niebla y te dice que me ames.

< Vista en plena mañana de niebla de los Tancats de la Modernista, Gambell, l'Escorredor y Buenos Aires. Vemos en primer plano la Casa de Puertes, la chimenea que está a su lado y las casetas alrededor del Sequiol de Romero.

Pareciera que la nostalgia acecha los corazones que me visitan ardientes.
La niebla se cuela en su interior y compartimos las mismas sensaciones.
Entonces desnudas tu alma porque el corazón ya sufre como en tinieblas
que oscurecen las miradas, las mentiras y despiertan a la misma filosofía.

La belleza de la niebla se expande un poco antes de todo despejarse,
entonces empujamos su espíritu con la mente y con el corazón,
llamamos al viento a moverse lentamente y a las aves a levantarse
y esperamos convencidos que un rayo de sol disipará toda la nebulosa.

Tienes que aprender a verme no solo con tus ojos,
no te he enseñado a amarme por mi hermosura:
soy historia, vida, alegría y llanto y en este conjunto
también soy mujer, amante, madre, abuela...

Solo quiero que descubras cuando me escondo que soy la vida
y que la vida también hay que saberla disfrutar cuando no la ves.

84

REFLEJOS

Todo lo que experimento es un reflejo de mí.
DEEPAK CHOPRA

La noche mueve las emociones que siento como un remolino ciego.
El viento frena su fuerza en esas horas sin luz que encienden mi paz.
Mi cuerpo entra en un éxtasis absoluto que transcribe al mismo cielo
y muestra la increíble belleza de un firmamento sumamente suspicaz.

La luna revela su doble en el agua reflejando la magia de lo paralelo.
Las estrellas de toda la galaxia no cejan en mostrar un camino fugaz.
Las nubes escondidas entre reflejos evidencian pequeños riachuelos
que conducen al conocimiento exacto para tener una vida más eficaz.

Admiro a la gente que vive estos momentos como si fueran un sueño
inmóviles, presenciando el milagro de la vida de manera muy audaz,
maravillados de la belleza y la magia irresistible de un lugar de paz,
presintiendo que no pueden mantener por más tiempo ese antifaz.

Dejan que el silencio penetre en sus oídos y rompa compartimentos,
atisban que la vida no es lo que viven, sino toda una comedia falaz,
solo miran el reflejo y no levantan la cabeza evitando los tormentos,
se van sin mediar palabra, saben que mañana les espera el capataz.

No basta ver el reflejo, no basta admirar la belleza ni estar atentos;
es necesario arriesgarse y moverse sin preguntarse si serás capaz.
No basta venir cada día a disfrutar y no poder dejar de mirar al cielo;
puedes aceptar que la vida es, y tú puedes ser, mucho más mordaz.

Si ves los reflejos en mi cuerpo, mira hacia arriba a ese firmamento.
Has visto los colores rojizos y anaranjados, esperas algo más veraz
que no son ni los rosas ni los azules o violetas, que solo es el negro,
el lugar desde donde todo es capaz de brillar para alcanzar la paz.

Cuando reflejes el cielo de tu gente, verás desvanecer tu desaliento.
Estar en paz y calmar tus pensamientos es vivir la noche y el viento.
La luz de los reflejos, en cuanto llega, descubre nuestros devaneos
que pasarán cuando aceptemos que vivimos solo un momento.

Asentir con el fluir de la vida, tal y como es, y sea como sea, eso
es lo que nos acerca a tener éxito en la vida y seguir evolucionando.
Aceptar el reflejo del firmamento en tu propio cuerpo es arriesgado.
Es lo que más amor y humildad exige para rendirnos sin dudarlo.

< Todas las imágenes de esta página están to-
madas en la laguna y son reflejos que se producen en el centro de mis aguas.

> Las imágenes de reflejos de la página derecha
están tomadas en los campos de arroz de la zona
del Perelló y se pueden apreciar unos reflejos
casi perfectos que os permitirían darle la vuelta
al libro y estar viendo la misma imagen.

REFLEJO LO QUE ERES

Como agua siempre he sido un espejo natural. Ahí es donde os reflejáis en función de vuestra manera de percibir el mundo y la vida.

Un reflejo, etimológicamente, significa 'volver a doblar', es decir, el espejo desvía la luz doblando una imagen y haciendo que esta vuelva a ti, eso es un reflejo de un espejo.

Lo que veis no es la realidad, sino lo que vuestros sentidos perciben a partir de esas partículas fotónicas que son verdaderamente la luz, que son las que se reflejan en mí. Nunca veis la realidad o los objetos reflejados en el agua, sino lo que las partículas de luz transmiten a vuestro sistema nervioso y vuestro cerebro interpreta.

Eso significa que cada observación está influyendo en la manera de reflejar los objetos que estáis presenciando en ese momento. Al ver cada uno de vosotros vuestra propia interferencia reflejada en el agua, lo que veis es una realidad modificada por vuestra propia observación y, por lo tanto, no sois vosotros mismos.

Entonces, todo lo que veis no es más que una percepción interna, pues los reflejos son vuestra propia imagen lumínica doblándose y volviendo a vosotros reflejados en el agua interior de cada una de las personas que observáis o miráis.

Si ves una Albufera sucia y estropeada, quizá ese sea el reflejo que estáis obteniendo de esa observación de la realidad y tenga que ver con algún concepto vuestro sobre la suciedad o lo estropeado.

En cambio, me podéis ver con la belleza y la grandeza que realmente tengo y, por lo tanto, descubrir esa misma belleza y grandeza en vosotros mismos, porque yo solo os devuelvo una imagen vuestra interferida por vuestro mundo interior y que sois vosotros mismos. Eso es la gran maravilla de la naturaleza que regala a quien sabe mirarla.

> Vista de los apartamentos construidos en los años setenta en el Saler, junto a la Gola de Pujol y la Rambla. El proyecto inicial incluía alrededor de 60 edificios de viviendas, un hotel y establecimientos para unas 100 000 personas. El proyecto se paró por la presión ciudadana. Aquí queda lo que no se pudo parar y que en la actualidad es lo que se puede ver desde dentro de mis aguas cuando paseáis con una barca por el centro de la laguna.

Atardeceres

Establecer contacto con la belleza de la naturaleza
hace la vida mucho más hermosa, mucho más real
y, cuanto más atento y concentrado contemples la
puesta de sol, más profundamente se te revelará.
Thich Nhat Hanh (1926-2022)

El agua pone la mesa y las cañas la belleza
para que el sol atrevido luzca como una seda
manteniendo todo el lujo de una gran patena
y así despedir el día con una mágica escena
que agradece por toda esa luz que nos llena.

El juego de luces es temprano en el invierno,
en verano se alarga a las horas de recogernos,
un ritual de movimiento incesante y repetitivo
que da continuidad a un universo muy primitivo
que hace magia tan de cerca que nos deja idos.

El sol se va escondiendo entre las bambalinas
de un cuadro donde aparecen riquezas finas
como las aves que dibujan bellas fantasías
o las nubes que son obras de arte si caminan
entre los cálidos colores que ya se avecinan.

Cuando el agua está tranquila, refleja el cielo entero.
En principio el azul es el color que abre el espejo.
Si se torna amarillo o naranja, te sientes aventurero.
Impresiona, pero que tu entusiasmo sea pasajero:
si solo miras abajo, te perderás el sol apresurado.

En esos momentos siento una paz incontrolable,
una emoción extraordinaria que invade mi corazón amable.
Podría decir que hasta mi alma se vuelve muy vulnerable.
Mis aguas se calman en la suavidad de un proceso estable
que muestra la belleza de este planeta tan admirable.

El rielar tembloroso del sol marca un reflejo luminoso,
torna doradas unas suaves olas que mecen lo grandioso
como un juego de magia donde desaparece lo vistoso.
Queda solo su auténtica presencia en un ambiente sedoso
y ese vacío solo me deja ver los nuevos colores cuando lloro.

Esos son los atardeceres que ofrezco cada día de la vida,
un espectáculo para apreciar la belleza totalmente sumisa
a los ojos de aquellos que deseen una emoción sugerida
a pocos minutos de cualquier idea que tengan de salvavida
que patrocina la naturaleza y es completamente gratuita.

Que yo sepa, pocos vais cada día a la mar a la salida del sol,
algo bello y hermoso que ofrece la natura al abrirse una flor.
Sin embargo, cada tarde venís aquí y llenáis la Gola del Pujol.
Las barcas del Palmar y del Saler están todas en mi corazón
esperando y deseando vivir desde dentro cada puesta de sol.

< Imagen de la Mata del Fangaret, en la carrera que divide la propia mata. Está tomada en los días de pandemia, cuando no venía nadie al parque, salvo los pescadores a faenar. El silencio de la imagen impregna todo el ambiente al verla. La vegetación había crecido y estaba preciosa en medio de la carrera.

Mi madre tendrá envidia de todos los que os acercáis a mí.
Estoy segura de que escucha el silencio cuando estáis aquí
y el sol se esconde entre las montañas reflejando su pedigrí.
Es entonces cuando el poder del sol desciende hacia el Romaní
y podéis verlo y disfrutarlo directamente sin filtros por allí.

Cuando el sol se va, algunos desaparecen y vuelven a casa
seguramente estremecidos de sentir tan cerca la naturaleza,
poderla compartir con personas que sienten con delicadeza
esos momentos donde el vello se pone de punta y se enreda
entre emociones, colores, olores y sentimientos que sueñan.

Otros se quedan ensimismados sin poder articular palabra.
El agua, el sol, la brisa, el movimiento y el color los paraliza.
Permanecen sin moverse esperando si la emoción suaviza
y comentan con su gente la maravilla que los estigmatiza
y los obliga a volver los días que puedan a sentir la energía.

Entonces descubren lo mejor de los atardeceres de la Albufera,
aparecen los colores naranjas, rosas-rojizos y hasta violetas
que dan paso al azul violeta profundo de la noche con estrellas,
y das gracias por haberte dejado llevar por las luces aquellas
que te trajeron aquí para disfrutar de una perfecta princesa.

^ Fotografías tomadas desde dentro de la Albufera donde se aprecia la cantidad de gente que acude cada día a ver la puesta de sol. Este lugar de la Gola de Pujol o mirador es el más demandado para poder disfrutar de un espectáculo sin igual. Es de señalar que en estos últimos años, no muchos, se ha multiplicado el número de gente que se acerca a mí a ver las puestas de sol tanto aquí como encima de barcas que se cogen en los embarcaderos de los puertos o en otros privados que existen a lo largo de mis orillas.

OCCIDENTE, PONIENTE, OCASO, OESTE...

El sol da paso a una gran variedad de nombres, a los que decís al atardecer y que tienen que ver con caer el sol cuando se dirige a su ocaso, cuando se pone, con la tarde y lo vespertino.

Es un momento de paz, de sosiego. Viene la noche, el descanso y la tranquilidad después de un día de movimiento y de agitación, de estrés y de luchar, de batallar...

El atardecer es un momento de cambio y transformación, acaba un día para dar paso a la noche, que, a su vez, dará comienzo a un nuevo día.

Es como el poder de cambiaros el estado de ánimo del momento, una posibilidad para enamoraros, para ver el lado hermoso y bello de la vida que os conecta con una parte vuestra mucho más sensible y acogedora donde el amor tiene un lugar primordial, tanto para otros como para vosotros mismos.

Presenciar un atardecer provoca en vosotros un recuerdo amable que queda para siempre y os genera las ganas de volver a presenciar ese crepúsculo vespertino tan mágico del día que, sin saber muy bien por qué, os relaja y llena de vida.

Aquí, en la Albufera, en una barca o en alguna tenéis el lugar perfecto para disfrutar de los elementos primordiales: el fuego del sol, la brisa del atardecer, el agua y la tierra de la restinga y los campos de arroz, que hacen que ese beso del sol de buenas noches sea el espectáculo más recomendable para la salud emocional de todos los seres humanos.

Disfruta del poniente, del ocaso, y siente cómo el sol se pone por el oeste para decirte que el movimiento es lo único que existe capaz de cambiar todo aquello que puedas imaginar o soñar, sea despierto o en cualquier profundo sueño.

Yo aquí estaré siempre esperando a que tú quieras venir.

Pero no te olvides de que mañana por la mañana ese sol que se pone por el oeste sale por el este para abrirte el camino a un nuevo día que puede ser el mejor de tu vida.

∧ Sauce llorón en las orillas de la laguna en una tarde con una puesta de sol preciosa. Los reflejos nos permiten ver las lágrimas del sauce sobre mis aguas y, si te paras un poco de tiempo disfrutando de esta vista, verás como el viento limpia la cara del sauce para que no llore más porque se ha terminado la puesta por hoy.

LA PUESTA DE SOL MÁS BONITA DE LA TIERRA

Un espectáculo que os brinda la naturaleza cada tarde es la puesta de sol, y soy uno de los lugares donde este hecho se viste de la belleza propia de las mejores fiestas y celebraciones de la vida.

Es un paisaje único que se produce desde hace miles de años cuando el sol cae y se esconde tras las montañas del fondo de la laguna. Todo un baile de colores rojos y naranjas, violetas y azulados que se van disipando en cuanto pasan los minutos.

Contraluces, reflejos, dibujos, magia, *glamour*. Cualquier calificativo que pongáis será mínimo cuando presenciéis en directo uno de los mejores espectáculos que existe en la tierra.

Este espectáculo es un regalo para todos vosotros y os da la posibilidad de pasar un rato disfrutando de la naturaleza y de la maravilla que es el universo en su movimiento diario y continuo, un espectáculo de luz y de colores que impresionará a muchos.

Es un momento que se repite cada día y que os invita a reflexionar en cada uno de estos atardeceres sobre lo que habéis hecho en el día, cómo lo habéis vivido, qué os ha llamado la atención, a quién habéis sido útiles hoy, qué vais a dejar de hacer mañana para estar un poco más felices que hoy...

Podéis reflexionar sobre cada uno para conseguir ofrecer al finalizar el día una puesta para cada persona que se os acerque y esté ahí en vuestro entorno disfrutando de vuestra presencia. Sentir vuestras aguas doradas en calma y saber que la mirada del cielo os guía por las emociones surgidas en una puesta de sol es el secreto que vuestros corazones pueden guardar sin temor a perder jamás.

Y por supuesto, podéis intentar daros cuenta de quién es vuestro sol, quién, desde que se ha levantado, ha estado a vuestro lado haciendo que la vida sea más amable y, después de todo el día, se despide de vosotros con un beso de buenas noches y un «Hasta mañana». Dadle las gracias.

Por mi parte

Aves

Cuando hayas probado el vuelo, caminarás por la tierra
para siempre con los ojos puestos hacia el cielo, porque
allí has estado y allí siempre anhelarás regresar.
LEONARDO DA VINCI

Pintan de trazos el aire con sus alas
demostrando figura y gallardía
que a buena cuna van sus generalas
a descansar y procrear guardería.

Me visten de colores en el invierno,
casi desnuda me dejan en verano
porque van y vienen a un reencuentro
buscando un tiempo más sudafricano.

Se sienten como en casa y lo cantan,
pasean tranquilas, buscan su comida,
disfrutan de un invierno encantadas
en una tierra que no es desconocida.

Me acompañan y me alegran tanto
que hacen de mí aquello que quieren,
surcos en mi agua que son un encanto,
líneas y curvas sin que se moderen.

Una especie reina en estos meses,
no es otra que el gran ánade real
los *collverds*, que parecen marqueses
viviendo en los espacios del humedal.

Me acompañan cormoranes grandes.
Cada vez en mayor número los ibis
picatorts o moritos pasean a miles
volando todos juntos para lucirse.

Entre picos y alas pasa mi vida
con gallinetas, fochas o con gaviotas,
pero también con las garzas y garcetas
y el charrán común, que me vuelve loca.

Y no me faltan los bellos flamencos
que levantan el vuelo y tiñen el cielo
causando sensación en ojos señeros
que sueñan con poder verlos de nuevo.

Respeto la vida que viene a verme.
Me cuidan y les doy todo lo que tengo.
Me alegran y disfruto la vida con ello,
esa vida que ahora y siempre te ofrezco.

Disfruta de mirarlas y observarlas,
te darán ganas de poder mimarlas,
acurrucarlas sin llegar a intimidarlas,
porque las ganas son de abrazarlas.

Aprended de su respeto y su atención:
aman la vida sin necesidad de guion
desafiando al proceso de la creación
solo acudiendo a su propia sensación.

Con la naturaleza de por medio,
haciendo crecer y morir sin remedio
porque eso es el devenir del cielo,
ahora unos, luego otros en vuelo.

UN HOTEL DE CINCO ESTRELLAS

Soy uno de los grandes atractivos para las aves en su periodo migratorio: unas porque van a pasar el invierno y otras porque paran en su largo viaje hacia zonas más cálidas.

Ellas, las aves, son las que consiguen que yo sea importante entre todos los humedales de este país. Son ellas las que hacen que tenga una importancia internacional.

La especie estrella es el ánade común o el *collvert*, como lo llamáis aquí: alrededor de 50 000 o 60 000 habitan mis aguas y mis islas desde mitad de octubre. También vienen por aquí una gran cantidad de patos colorados y de fochas. Ambas especies se consideran importantes porque son un indicador de la buena calidad ambiental de toda la zona.

Gran cantidad de garzas, en sus diversas especies, también acuden por el parque, alrededor de unos 6000 ejemplares. Infinitamente mayor es la colonia de moritos o ibis que se están recuperando en número desde hace unos años.

Otra de las aves, pescadora por excelencia, es el cormorán grande, del que, dependiendo de los años, podemos llegar a contabilizar unos 3000 o 4000 ejemplares.

Hay muchísimas especies más, como los flamencos, de los que ya hemos hablado y sobre los que podemos consultar en una fantástica guía de aves que existe de este entorno.

Es importante destacar que soy una zona ZEPA de protección de aves, IBA (Important Bird Area), zona Ramsar, desde 1989, de máxima importancia y finalmente LIC (lugar de interés comunitario).

Estos títulos me gustan porque son figuras de protección para que nadie pueda hacerme daño o como medida disuasoria para aquellos que puedan tener pensamientos extraños.

Pero también dicen que soy un lugar donde disfrutar de la naturaleza en estado puro, donde 300 especies de aves pasean por aquí a lo largo del año.

< Imágenes de ánade real volando o despegando de los canales de agua de la Albufera. Al paso de las barcas, levantan el vuelo y las fotografías siempre son muy características de todo el parque. En concreto, estas fotografías se han tomado en las carreras que hay entre la Mata del Fangaret y el Petillet del Fang.

> Avocetas volando encima de mis aguas. Son unas aves zancudas de plumaje blanco y manchas negras en la cabeza y el cuello. Destaca en ellas el pico largo, fino y curvado hacia arriba. Son las hembras las que más marcado lo tienen.

AVISTAMIENTO DE AVES

En el Centro de Interpretación del Racó de l'Olla hay varios lugares desde donde podéis ver las aves en unas condiciones de paz y tranquilidad envidiables. Hay un recorrido por senderos para contemplar las diferentes colonias de aves en cada uno de estos lugares.

Otra de las formas que existen para poder hacer avistamientos es desde una barca. Eso nos permitirá ver algunas especies, como el calamón común o el somormujo lavanco, que, por su dificultad y por sus localizaciones, son difíciles de ver en otros lugares de observación...

Desde el Tancat de Ratlla, que es un área de reserva, podemos ver aves limícolas, especialmente durante el paso postnupcial desde julio hasta octubre.

Existe un número elevado de especies raras de ver en el resto de mis zonas, como pueden ser el correlimos canelo o el chorlito dorado americano.

En el Ullal de Baldoví tenemos un observatorio, tipo caseta, desde donde podemos ver cualquier tipo de ave acuática, como el avetorillo, la focha o el zampullín. En la época de migración se pueden ver distintas especies de aves limícolas con mucha tranquilidad.

Pero, en general, desde cualquier sitio del parque se pueden avistar aves. Un paseo por los arrozales o por las orillas de la laguna puede ser siempre un momento en el que sorprendernos por lo que pueda aparecer.

La vista tan buscada de los flamencos suele hacerse en los campos de arroz en invierno, cuando está la *perellonà*, y se suelen avistar posando en un mismo campo durante horas.

Si os acercáis sigilosamente, podéis tener unas vistas espectaculares de estas aves que han sido tan valoradas siempre por aquí y, si os sentáis en silencio y disfrutáis de sus juegos y sus peleas, se pueden hasta ir acercando a vosotros.

< Garza imperial levantando el vuelo en un campo de arroz del Tancat del Recatí con pocos días de crecimiento. Aprovechan para conseguir alimento entre los tallos que van creciendo. En la imagen del centro vemos unos cormoranes grandes a primera hora de la mañana en la Manseguerota y, justo al lado, en la otra imagen, una garza blanca y una garza real descansando dentro de un campo de arroz inundado por la *perellonà*. Esta última imagen está tomada en el Tancat de la Rambla, que pertenece a la zona de Alfafar.

> Flamencos alimentándose en uno de los campos de arroz del término de Sollana. Prácticamente pasan el día dentro de los campos y se mantienen alejados de los caminos y carreteras de paso para no ser molestados.

V Tarro blanco volando en grupo a ras de agua en el mes de enero.

AVES Y GESTIÓN DEL HUMEDAL

Utilizáis las aves acuáticas, tanto las que habitan con cierta continuidad como las que vienen en migración, que son representativas de los humedales y su utilidad, para estimar el estado de conservación de un determinado entorno, como puede ser la propia Albufera.

En total se utilizan alrededor de 31 especies potenciales para su uso en la elaboración de un plan de gestión que pueda ser integrado de forma efectiva en el plan hidrológico del entorno.

El hecho de ser grupos fácilmente identificables y observables en su comportamiento hace que cualquier cambio en las poblaciones de las aves sea de mucha utilidad a la hora de interpretar lo que puede estar ocurriendo en cualquiera de los entornos que habitan.

El comportamiento de estos grupos, en función de las zonas y de sus necesidades, es básico para determinar las actuaciones que hay que realizar dentro de cada una de las zonas.

Especies como el aguilucho lagunero, el martín pescador, la focha común, el calamón o el pato colorado, entre otras, nos indican ciertos estados de calidad de los distintos entornos y, en función de su número y su comportamiento se determinan las necesidades que hay que respetar para que puedan estar de manera estable y amable.

De hecho, en la actualidad se está viendo cómo ciertas especies de aves están abandonando entornos donde se producen los alimentos que coméis los demás. Esto nos está indicando la necesidad de que produzcáis alimentos de otra manera, de formas más saludables y acordes con las necesidades de la propia naturaleza.

El uso excesivo de fertilizantes y pesticidas tiene que desaparecer porque sois muchos los agricultores que estáis convencidos de que producir de otra manera no solo es más responsable, sino que puede llegar, si se hace con conciencia, a ser mucho más rentable.

< Grupo de fochas comunes en un campo inundado de arroz de la zona del Perelló, en concreto en el Tancat de Anxumara. Imagen realizada desde el Camí de la Llosa Vella.

> Moritos o ibis en pleno vuelo por la tarde en la zona de Sueca, en concreto en el Malvinar. Actualmente la colonia de moritos está aumentando de una manera extraordinaria, y es muy fácil verlos volar en grupos muy grandes.

< Martín pescador. Es un ave pescadora por excelencia cazando bajo el agua de una manera exquisita y llena de habilidad. Se caracteriza por un canto muy peculiar, un atractivo plumaje y un vuelo veloz y a poca altura. Su pico puntiagudo le permite una caza muy eficaz.

> Águila pescadora, un ave rapaz de tamaño medio bastante común en lagos y lagunas. Ha sido una especie que ha estado extinguida como reproductora en los años ochenta. Actualmente es una especie recuperada en los distintos emplazamientos de la península ibérica.

La pesca

Muchos hombres se van de pesca toda su vida
sin saber que no es pescado lo que buscan.
HENRY D. THOREAU

Es durante las noches oscuras, sin luna, con una pequeña brisa o con temporal de levante, cuando tiene lugar la mayor pesca de un producto muy preciado, de los que se producen dentro de mí, que es la anguila, en concreto, la que vosotros llamáis anguila *maresa*.

Cuando me hizo suya el rey Jaime I, dejó pescar en mis aguas a todo aquel que quisiera, con la única condición de que le pagara una quinta parte de todo lo que recogiera de pesca. Desde aquel entonces, la pesca se hizo más multitudinaria y unos 400 pescadores surcaban mis aguas durante las madrugadas y algunas noches.

Los veía salir muy temprano en sus barcas, con sus cajas para el pescado y las redes que se iban a colocar a lo largo de toda mi superficie, con sus plomadas y sus flotadores.

Cada uno se iba dirigiendo a un lugar o a otro, a las matas, a los canales o a las golas y generalmente son los que pescan con los *redolins* o *calaes*.

Generalmente, dejáis un par de días los *redolins* puestos en las *calaes* para recogerlos posteriormente, dando tiempo a que el pez entre por la boca del *mornell* y no pueda salir.

Los pescadores que he tenido a mi lado siempre han tenido en cuenta la sabiduría del lago. Las lluvias, las estaciones y las costumbres migratorias de los peces condicionan las capturas, así como la corriente, la luna, la temperatura y los vientos en su cantidad y localización.

Aquí he oído decir a algunos sabios que del temporal de *tramuntana, ni caçera ni pesquera;* mientras que el *llevant lleva y el ponent posa.* Ambos vientos mueven el agua y son beneficiosos para la pesca, especialmente el levante cuando sopla de manera constante.

La pesca ha sido la principal actividad para los pobladores de la laguna, y los métodos y sistemas de pesca eran muy diversos. Algunos de ellos, evidentemente, han llegado hasta nuestros días y otros ya se han perdido en el olvido de los tiempos; de hecho, algunos pescadores ni los conocen.

La pesca con *fitora* a la luz de las antorchas, con la caña, con la nasa o *mornells, el gamber,* las redes estáticas o *les calaes* son algunas de las artes de pesca que durante siglos ha utilizado la gente de la laguna.

Todos los pescadores utilizaban unos símbolos para identificar los *redolins* o puntos fijos de calada, que cada año se sorteaban, y se siguen sorteando, entre los miembros de la Comunidad de Pescadores del Palmar, desde aproximadamente el siglo XIII.

< Imagen de las redes de pesca recién recogidas y amontonadas encima de una barca. Se ve perfectamente la plomada que se utiliza para que se hundan y queden verticales en el agua para que los peces, cuando pasen por el lugar donde se ha puesto, se enreden en los agujeros. En el momento de la toma de la fotografía, la barca va en movimiento y entrando por uno de los canales de la Albufera.

Con este símbolo marcaban su puesto de pesca y se identificaba también el derecho que se tenía a él, ya que, seguramente, la mayoría de pescadores era analfabeto por aquel entonces. Por lo tanto, el *redolí* marcaba el derecho de pesca de cada uno de los pescadores y también la calada que le había correspondido en el sorteo.

Los pescadores son los que siempre me han acompañado y, aunque en menor número, en la actualidad lo siguen haciendo de manera habitual.

Una de las cosas que me llena de satisfacción es darme cuenta de que podemos ir evolucionando, cambiando y adaptando el conocimiento a los lugares donde la tradición ha formado parte de la cultura del entorno y no ha variado en mucho tiempo.

En definitiva, si mantenéis una tradición que vais evolucionando con la llegada de nuevo conocimiento, seréis un ejemplo de sostenibilidad y todas las prácticas de pesca serán esenciales para la recuperación de mis aguas.

∧ Los *tirets* son las redes de pesca que se guardan a tiras, colgadas, para que no se enreden. Una vez se descuelgan y se llevan a la barca para ponerlas en el agua, se van como desplegando y de esta forma no hay enredos y trabajo de más.

< En la imagen de la izquierda vemos los flotadores de las redes, y en el llavero vemos uno de los pocos plomos o plomadas que se utilizaban antaño para mantener las redes perpendiculares a la superficie.

∧ En la imagen podemos ver las nasas que se utilizan en los *redolins*. En los puestos de pesca se ponen una redes que dirigen a los peces hacia la boca de la nasa donde, una vez se entra, ya no hay posibilidad de salir. El pescador abre, cada día o dos días, cada una de las nasas y recoge el pescado que ahí se ha quedado, desestimando aquel pescado que por su tamaño hay que devolver a la laguna vivo y sin sufrimiento.

> En la Comunidad de Pescadores del Palmar, fundada en el año 1250, en una de sus paredes se puede ver un cuadro con todos los símbolos de los *redolins* que cada uno de los pescadores utilizaba para identificar el espacio donde se podía pescar.

En el mismo cuadro reza lo siguiente: «Senyals de Redoli: signes y marques empleats per cada un dels pescador potrons de la comunitat de pescadors del Palmar».

PESCADORES DE DERECHO

Tengo unas ganas de llorar que no puedo contenerme, lágrimas que brotan por encima de la fina película de agua que cubre toda la laguna y forma ríos de emociones. Los canales gritan de alegría que, por fin, voy a recibir a las mujeres del Palmar como pescadoras de pleno derecho con toda su fuerza y todo su poder.

Se ha dado un paso de gigante en la historia de la evolución de la humanidad, un paso que permite a otras comunidades o sociedades abrir canales de igualdad, derribar muros y encontrar los equilibrios entre las polaridades del entorno donde todos convivimos para poder vivir en paz y terminar con la injusticia de la discriminación.

Ahora, es cierto, solo quedan los recuerdos, las palabras escritas por secretarias de juzgados y de cientos de periódicos que se ocuparon de distintas maneras de tratar la cuestión de la pesca de las mujeres en el Palmar... ¡Es increíble!

Solo se pretendía que todos tuvierais los mismos derechos, vuestros hijos y vuestras hijas, sin discriminación, pero no se llegó a entender que la pesca era un tema secundario en toda esta historia...

También quedan las sensaciones, quedan los sentimientos, las emociones vividas; sobrevuelan los rencores, las palabras que nunca se dijeron y se quedaron dentro; queda el juego de ganadoras y de perdedores; quedan los insultos, los abucheos y los desprecios; quedan las tensiones vividas y las heridas abiertas...; el dolor de tener que conquistar con lucha... en lugar de tratar de hacerlo con el amor por bandera...

También hay familias separadas por tomar partido por unos o por otras o, quizá, por tener que defender algo, siendo hombre, con lo que, en realidad no se estaba de acuerdo, debiendo hacer piña con el resto de los varones.

Siento que cada derecho que recupera la feminidad viene marcado por una lucha cruenta y desigual; siento que cada día se producen luchas de David contra Goliat y que gracias a historias así existen oportunidades para que las discriminaciones se transformen en igualdades.

Años privadas de derechos hereditarios de pesca en mis aguas: por delante de las hermanas siempre estaban los hermanos varones. Son sensaciones que están en el ambiente, pero que van haciendo huella, que forjan el carácter y que marcan un estilo de vida donde prima, generalmente, la discriminación.

> La pesca deportiva está prohibida en la totalidad de la laguna y solo se permite pescar en las acequias y los canales que llegan hasta mí. En la imagen podemos ver a dos pescadores con caña en el canal del puerto de Catarroja. Para este tipo de pesca se utiliza como cebo la lombriz de tierra, pasta de harina de trigo, etc., y se puede pescar alguna carpa, algún barbo o alguna anguila, pero es difícil desde que se introdujeron el *black-bass* y el lucio.

En 1994, en la Cofradía de Pescadores, alguien levanta la mano, se expresa y se atreve a pedir que los derechos de pesca pasen de padres a hijos e hijas. La respuesta fue clara y contundente: la negación fue absoluta.

No se encontraron muchas ayudas, se hicieron escritos a los políticos que mandaban en aquel entonces, se enviaron invitaciones para promover un diálogo inteligente y pacifico, se realizaron actos de conciliación y se llegó a interpelar al Ayuntamiento de València para sentarse a negociar.

Los pescadores nunca se sentaron a tratar amistosamente el tema y... ¡tuvo que ser por las malas!

El 5 de octubre de 1998 el juez reconoció el derecho de las mujeres a formar parte de la Comunidad de Pescadores y a que se modificaran las normas de la entidad. ¿Cómo no? Hubo recurso.

El 24 de abril de 1999 el juez ratificó el derecho de las mujeres a pescar..., pero el asunto llegó al Tribunal Supremo.

El 8 de febrero de 2001, del mismo modo, se pronunció a favor de las mujeres pescadoras del Palmar en una sentencia contra la que ya no cabía recurso alguno.

¡Pero todavía quedaba una traba más...! Entrar en la Cofradía de Pescadores del Palmar y acceder al sorteo de los *redolins* el segundo domingo de julio.

Los pescadores masculinos no respetaron las distintas resoluciones hasta que se les obligó, por sentencia de 2007, a admitir a las mujeres que tenían derecho a pescar y a quince hombres que habían sido expulsados por defender a las mujeres.

El 13 de julio de 2008, tras 758 años de historia de la Comunidad de Pescadores del Palmar y tras muchos años de litigios, se realizó el sorteo de los *redolins* con las primeras mujeres pescadoras..., un gran día para recordar y festejar, en el que todas las mujeres del mundo han subido un peldaño para dar a sus hijos e hijas una igualdad que todos se merecen.

Gracias a Teresa Chardí, a Carmen Serrano, a Empar y a Elena Marco Serrano, a Rosa Marco..., a tantas y tantas mujeres que han luchado por una causa justa durante mucho tiempo. También gracias a todos aquellos hombres que se han señalado defendiendo esa justicia para las mujeres y para todos los que, de alguna manera, la merecían.

PESCA E INTIMIDAD

Un día recibí una carta de un pescador que llevaba un tiempo entre mis aguas y que, de alguna manera, tuvo una relación conmigo tan especial que con sus letras me demostró su respeto y admiración:

Hace años que dejé de usar despertador. En estas fechas mi cuerpo asume perfectamente cada día que es la hora. Al igual que mis ojos se adaptan a la oscuridad, mis manos al tacto de las redes y mis movimientos al silencio, no puedo contener el palpitar apresurado de mi corazón, como si de la primera vez se tratase. Nervios, incertidumbre y anhelo se apoderan de mí cuando voy a estar contigo y no sé quién va a disfrutar más, si yo de ti o tú de mí esta temporada.

Oscuridad perfecta, solo rota por los contornos que se tornan más oscuros de esos perfiles que llevo grabados en mi cabeza hace años.

¡Cuánto tiempo y cuánto miedo me ha costado entenderte! ¡Cuántas enseñanzas hay en tus aguas, en tus vientos y en tus calmas!

Ahora es el momento, como buen alumno, de poner en práctica todo lo aprendido y demostrarte que estoy empezando a comprenderte y a disfrutar de ti.

Silencio solo roto por el tuc, tuc, tuc de mi barca que durante años lleva empujando desde la oscuridad completa a nuestras incontables madrugadas.

La luna no será esta noche nuestra compañera ni nos descubrirá el resplandor de nuestras capturas. Esta noche nuestro instinto y nuestra astucia nos enfrentarán de nuevo.

Yo para buscarte y tú para sobrevivir un día más.

^ Este pescador podría ser el prototipo de todos aquellos que me visitan cada día buscando poder sacar de mis aguas la mayor cantidad de peces que cualquiera podría soñar. Pero no dudéis nunca que la carta que os he puesto aquí podría ser de cualquiera de ellos, porque no existe ningún pescador que visite mis aguas que no tenga conversaciones conmigo de lo más variopinto e interesante. Descubrir el corazón de los pescadores es un placer que ni ellos se imaginan.

COMUNITAT DE PESCAD...

Relació de "Redolins" (Punts de Pe...

GRUP -A- (15 REDOLINS)

Gola del Perellonet Nou ① ② ③ ④ ⑤ ⑥
El Romero 1.
Cap - enterra del Pujol 1.   *(Mínim 60 Braçes)
Cap - enterra de la Brava 1.   *(Mínim 60 Braçes)
Cap - enterra de la Sancha 1.   *(Mínim 60 Braçes)
Cap - enterra de les Bovetes 1.   *(Mínim 60 Braçes)
Cabet de les Bovetes 1.   *(Mínim 60 Braçes)
La Ferraura 1.   *(Mínim 60 Braçes)
Cap -avant de les Bovetes en Davant Dalt 1.
Cabet del Pujol 1.

GRUP -B- (21 REDOLINS)

Cap enterra del Pelat (Sequiota) ①
La Mansequerota 1.
Cap enterra del Ballet 1.
Sèquia de l'Oliverò ① ② ③ ④
Cabet del Ballet 1.
Cap - avant del Ballet 1.
Cabet de Mus 1.
Cap - avant de les Bovetes en Raere Dalt 1.
Cap- enterra de les Bovetes en Raere 1. (Facultades)
Cap - avant de les Bovetes en Raere 1.
La Punta Orà 1.

SORTEO DE *REDOLINS*

Y llega el segundo domingo del mes de julio y todos mis pescadores y pescadoras se reúnen para sortear los puestos para ocuparme en la próxima temporada de pesca.

La sala de la Comunitat de Pescadors del Palmar está llena de bote en bote, todos vestidos para la ocasión como el día importante que es.

Hoy hace 25 años que cinco mujeres se presentaron en la sala pidiendo normalidad e igualdad en el sorteo.

La satisfacción por la actual situación en la cofradía es espectacular y el ambiente que se vive es enriquecedor, ya que la normalidad que se vive entre hombres y mujeres ayuda a que la convivencia sea más amable.

Los 55 pescadores y pescadoras con derecho de pesca han puesto sus nombres en unas bolas que han introducido en el bombo para ver el orden en la elección de los puestos de pesca.

En la mano todos tienen un papel con la descripción de los 55 puestos de pesca y, uno a uno, conforme salen sus nombres del bombo, se levanta y al grito de «Ave María Purísima» dicen en voz alta el *redolí* escogido, nombre que repite el presidente para que quede constancia del mismo.

Siento la preocupación de todos los asistentes por la continua precariedad de los pescadores y por la dificultad de que los jóvenes no abandonen en este camino de crecimiento en la profesión, ya que son considerados en la actualidad como agricultores.

Siento sus miedos ante la posible desaparición de esta cultura y de esta profesión, y espero que encuentren soluciones para que este sistema de pesca tan tradicional pueda evolucionar y convertirse en profesión y medio de vida para algunas familias del entorno. El riesgo de desaparición de esta profesión es muy grande y, en unos pocos años, en cuanto la generación actual de pescadores se jubile, lo veréis.

^ Son las imágenes de las hojas que se reparten antes de entrar al sorteo donde se especifican los distintos grupos que contienen los *redolins* y, dentro de ellos, cada uno de los puestos que se pueden elegir a medida que vayan saliendo los nombres de los pescadores. Algunos puestos tienen la posibilidad de ser elegidos por partes al ser grandes, como pueden ser la Séquia de l'Oliverò o la Gola del Perellonet Nou, donde caben seis puestos.

ESCADORS DE EL PALMAR
ts de Pesca). Temporada 2022/2023

Entraor dels Rogets 1.
La Punta la Barra 1.
La Sèquia Nova 1.
La Sèquia del Raco de l'Olla 1.
La Sèquia de l'Overa 1.
La Sèquia Dreta 1.
Cap - avant del Pelat 1.

GRUP -C- (19 REDOLINS)

Gola del Perelló ①. ②. ③. ④. ⑤. ⑥
Cap - enterra del Puig Pelat 1.
La Junquereta 1.
La Reina 1.
Port dels Colaus 1.
El Fornás 1.
L'Entrefore 1.
Cap - enterra de la Figuera 1.
Cap - enterra de les Albargines 1.
Cap- enterra dels Alterets 1.
Davant del Fornás 1.
Cap avant dels Alterets 1.
Cop de la Barca 1
Cap Avant Puig Pelat 1.

> Son las imágenes del bombo que contiene todas las bolas con los nombres de los pescadores y pescadoras que tienen derecho a elegir puesto de pesca y que se van sacando, una a una, hasta finalizar el sorteo. Al lado, podemos ver a una de las pescadoras que, en su turno correspondiente, está eligiendo el *redolí* para poderlo explotar durante todo el año. Vemos cómo todos miran las hojas donde están los *redolins* porque, a medida que van eligiendo los anteriores, se van tachando del listado para saber, de los que quedan libres, cuál es el que conviene elegir.

En estos días se desmontarán los puestos de pesca de la temporada pasada y cada uno de los pescadores y pescadoras, a partir de primeros de octubre, comenzará a montar los nuevos puestos en función de lo que a cada uno le haya tocado en el sorteo.

Así pues, es cuestión de suerte que la bola con el nombre de un pescador salga antes o después. Siempre hay *redolins* en los que la pesca es mucho mejor que en otros, así pues, los últimos en salir tendrán que conformarse con espacios más modestos para montar sus *calaes*.

Siento una profunda admiración por todos y cada uno de los pescadores y pescadoras que cada año faenan entre mis aguas. Siento cómo ponen toda su energía en hacerlo lo mejor posible y convivo con ellos días y días tratando de ayudar lo máximo posible para que su trabajo tenga la recompensa que merecen.

Ojalá se encuentren soluciones para que este arte de pesca en mis aguas no termine nunca y siga teniendo la compañía, cada día, de esas personas que se dejan la vida faenando aquí conmigo en la laguna.

Este sorteo que realiza la Comunidad de Pescadores del Palmar, donde se reparten los puestos de pesca dentro de mí, es una tradición medieval que sigue vigente hoy en día y que don Vicente recogió en su libro *Cañas y barro*:

«... Las mujeres no tenían que ir en busca de sus maridos llevándolos a empujones a que cumpliesen el precepto religioso. Todos los pescadores estaban en la iglesia con gesto de recogimiento, pensando en el lago más que en la misa, y con la imaginación veían la Albufera y sus canales, escogiendo los puestos mejores por si la suerte los agraciaba con los primeros números».

Una mañana de pesca

La pesca es mucho más que pescado.
Es una gran ocasión en que podemos volver
a la fina simplicidad de nuestros antepasados.
Herbert Hoover

Inmortalizar un proceso que se desarrolla desde hace cientos de años, y al que parece que le queda poco como forma de pesca tradicional, me permite pasar una mañana especial con unos seres humanos que ponen alma, vida y corazón en hacer perfectamente su trabajo.

Recuerdo que era una mañana de invierno del mes de febrero y el frío apretaba por todos los costados.

Me imagino que, en la barca, transitando por el medio de la laguna, podría estar pelándose de frío. En su camino hacia los distintos *redolins* que le correspondían por sorteo, casi no sacaba las manos de los bolsillos un pescador de los de siempre, de los nacidos en la tierra y heredero de las costumbres más arraigadas de toda la zona: él es Robert.

Robert y yo nos conocemos desde hace bastantes años, desde que, de pequeño, venía con su padre a pescar, casi cada día del año y trataba de aprenderlo todo de esta actividad.

Durante las primeras horas de la mañana se dedicó a revisar *els mornells* de cada una de les *calaes* que había colocado hacía dos días.

En cada uno de ellos, el trabajo era más o menos el mismo. Se acercaba perchando a cada uno de los *mornells* y con una vara los sacaba del agua con cuidado para no mover la barca.

Revisaba la cantidad de pescado que había dentro y subía el *mornell* a la barca para vaciar la captura en un bote grande de plástico. Cuando había acabado, volvía a dejarlo dentro del agua sujeto al mismo palo donde estaba cogido cuando llegaron.

Había todo tipo de pescado y todo estaba vivo. *Llisas* o mújol, carpas, alguna lubina y también alguna anguila. Para mí, este tipo de pesca lo bueno que tiene es que permite devolver al agua aquellos peces que por su tamaño o por su baja calidad como alimento no os interesan en absoluto, permitiendo que sigan con vida y hagan su trabajo aquí en la laguna.

En cada uno de los lugares oía el clic, clic, clic, de las fotografías que constantemente se estaban tomando para inmortalizar la totalidad de los gestos que Robert hacía recogiendo el pescado de la red.

Cuando se terminó de recoger todos los *mornells* se dirigió poco a poco hacia el espacio que hay delante del Campot, ahí en la Casa del Senyoret.

Pasaron la mata de la barra y estuvieron así algo resguardados del viento, que empezaba a soplar suavemente.

A medida que Robert iba recogiendo la red, los peces se encontraban encajados en algunos de los agujeros. Mújoles, alguna lubina, muy pocas, y alguna carpa... quedaban enganchados en las redes.

Una vez terminadas de recoger la red y la pesca, se arregla esta en la barca pequeña, de manera ordenada, para poderla utilizar al día siguiente, o a la próxima vez que se salga a pescar, poniendo el rumbo de vuelta a casa.

Un fantástico día de pesca donde todos hemos disfrutado de estar juntos y poder inmortalizar un proceso que, no sabemos cuándo, se dejará de realizar, tal y como están las cosas por aquí. Por lo menos, quedarán estas fotos con la impronta de un gran pescador y una bella laguna, que soy yo, y a quienque se me cae la baba con este tipo de iniciativas.

CULTURA VS. CRECIMIENTO

Es hermoso sentir y disfrutar con vosotros de un día así, en el que la cultura y lo ancestral es lo importante de la jornada.

Las habilidades de los seres humanos, de cada indivduo, el arte, la cultura, la tradición, el conocimiento, son los frutos que puede recoger cada uno de ellos, tanto en su vertiente física como emocional o espiritual.

Cuantas más culturas conozcáis, cuanto más os abráis a otras razas, tradiciones y países, más enriqueceréis vuestro espíritu para descubrir el potencial de cada uno de vosotros.

La manera que tenéis de descubrir lo que sois es abriéndoos a lo que existe y a lo que existió, a cada cultura, a cada tradición, filosofía, ciencia, al arte que habéis creado entre todos.

Es como si la vida fuera un museo, que en griego significa 'el hogar de las musas', el lugar donde se cultivan las almas y las mentes de las personas para que entiendan mejor la vida,

un lugar donde todas las culturas y las tradiciones tengan un espacio y crezcan en cada uno de vosotros para dar lugar a vuestros frutos. Por eso es tan importante lo que veo que estáis haciendo hoy: guardar en vuestro museo, para aquellos que vendrán dentro de miles de años, las culturas y las tradiciones de estos lugares.

Honrar la cultura y cultivaros cada uno de vosotros, abriéndoos a todas las filosofías del mundo, os llevará a ser mejores personas porque encontraréis vuestros frutos en el camino de la vida y podréis ofrecerlo a todos los que os rodean para que puedan también crear su propio museo.

Desde tiempos inmemoriales, habéis relacionado el concepto trabajo al concepto de sufrir, de esfuerzo, de poner mucha fuerza física, y lo habéis mantenido en el tiempo.

Ese concepto ha llegado a vosotros como una letanía de que «sin dolor no hay ganancia», «hay que ganarse el pan con el

sudor de la frente» y siempre con sufrimiento, como crucificados en una cruz por otros...

Ese concepto de ganarse la vida me parece superpeligroso y se corre el riesgo de dejar de cumplir los sueños personales, de dejar de hacer esas cosas que nos gustan de verdad y empezar a hacer otras cosas, quizá para contentar a otros, que para vosotros tienen una cierta importancia, pero que pensáis que es lo que hay que hacer para ganarse la vida.

Hacer, hacer y hacer, una y otra vez, trabajo repetitivo, rutinario, esclavizante... Es un concepto de una cultura actual que sigue en vigor, aunque tenga un componente muy rancio. Creo que está llegando la hora de cambiar ciertos conceptos y empezar a vivir de una manera que os haga disfrutar a todos.

De este día puedo entender que lo vivido con vosotros nada tiene que ver con ese concepto de trabajo que tenéis tan grabado en vuestras mentes.

Hay un camino que depende de la voluntad de cada uno y se realiza por el placer de hacerlo, por las ganas y el disfrute de estar en contacto con la realidad y con la existencia, en contacto con la verdadera vida, que es la naturaleza.

El otro camino es una especie de reacción hacia la presión exterior, del entorno, de la sociedad, del condicionante del medio en el que vivimos que no deja de infligiros sufrimiento y dolor.

La cultura del esfuerzo y del sufrimiento.

Hoy he sentido un nivel de conciencia en vosotros que ha despertado en mí una alegría inusitada. He sentido que estabais haciendo esta tarea y esta acción desde una libertad asombrosa, creando el momento y disfrutando de lo que estaba sucediendo. Habían desaparecido esos conceptos que veo normalmente de trabajo, esfuerzo, labor... Nadie ejercía presión sobre vosotros. Pero vosotros sois unos afortunados

por hacer lo que hacéis... Os he visto como unos verdaderos artistas, libres, que os movíais por niveles de conciencia importantes y no apagados o cerrados.

Erais obreros de vuestra propia obra, con la abundancia que significa la propia palabra, creabais una obra donde estabais sintiendo la propia satisfacción de lo realizado.

En ocasiones, no disfrutáis los proyectos y os convertís en esclavos de terminar o enseñarlos. Vivís de un «Qué dirán» que os tiene atenazados y muertos de un miedo que os limita y no os permite conocer nuevos espacios.

Estar aquí conmigo, en el agua..., os puede enseñar a liberaros de la acción, a realizar vuestra principal obra en cada momento, y la clave de ello es hacer las cosas que os gustan de verdad y que os dan sumo placer el poder realizarlas en plena libertad, hacer cosas como tocar el piano o el violín y que nunca tenéis tiempo para hacerlas: tocar la guitarra o

ir a un curso de canto y vocalización, estudiar Bellas Artes o Medicina, que es lo que queríais hacer de pequeños, pero que no lo hicisteis porque las circunstancias, en ese momento, lo impidieron, las que fueran.

Gracias por permitirme vivir un día así con vosotros y poder constatar que hay niveles de conciencia despertando en la humanidad, niveles de conciencia que hay que guiar por el camino de la naturaleza, de las artes, de la música, de los colores y las formas..., niveles de conciencia, de conocimiento y no de ignorancia, niveles de conciencia de experiencias vividas donde el respeto a todo y a todos ha sido el primer objetivo.

UNAS GARZAS CON HAMBRE

Al poco de haber tirado el pescado que no queríais al agua, empezaron a acercarse, casi sin daros cuenta, las gaviotas, los cormoranes, y aparecieron las garzas, que no dudaron ni un momento en lanzarse a toda velocidad para no perderse ni uno de los peces que, según habían caído al agua, parecían algo desorientados.

Aquello fue uno de los espectáculos más interesantes que se pudieron ver ese día por aquí.

En todos mis años no había sentido ni visto una garza tirarse a esas velocidades al agua y meterse casi entera dentro del agua porque le resultaba difícil parar y luego salir.

Los cormoranes aparecían por debajo del agua y, sin daros cuenta, cogían los peces desde abajo.

Las gaviotas peleaban con las garzas para quitarles los pescados que llevaban en el pico, pero quizá por tamaño no

tenían mucho que hacer en esa pequeña disputa, aunque lo cierto es que porfiaban hasta límites insospechados.

Se peleaban muy ansiosas, a pesar de su pequeño tamaño, y no rehuían una pelea con cualquiera de las garzas que habían tenido la suerte o el talento de pescar alguno de esos peces que estaban algo desorientados.

También esas gaviotas tenían una buena maña para procurarse el alimento en cada momento.

Como recuerdo de este día, quedan estas fotos de las garzas extendiendo toda su belleza y talento para demostrar una existencia llena de vida y de arte, ese mismo que como seres humanos necesitáis todos en aquello que hagáis, especialmente si os gusta.

Una vez más la naturaleza nos va enseñando cómo se vive en la tierra.

La caza

Estaba yo un día solo. Había pasado el águila real, y no solamente me había brindado uno de sus penetrantes vuelos de caza, sino que había estado describiendo las más fantásticas acrobacias en compañía de su pareja. ¡El águila! El macho y la hembra colgados en el cielo estuvieron como cinco o diez minutos, ¡quién sabe!... ¡Yo estaba prendado de sus alas, yo quería volverme pájaro!

Félix Rodríguez de la Fuente

^ Puesto de caza típico dentro de un *vedat* o coto. Los cazadores acceden a sus puestos de caza, llamados aquí *empavesaes* o *bocois*, a través de los campos inundados con unos barquitos, desde donde esperan a sus presas... *a la xoca*, que es una modalidad de espera al paso de las aves acuáticas, generalmente, aprovechando las últimas luces del día.

Ciervos, jabalíes, liebres, perdices, conejos, nutrias, aves acuáticas...: una fauna variada y muy abundante desde hace cientos de años que ha convivido con romanos, musulmanes y con la misma realeza.

He sido un coto privado de caza de la realeza y zona de expansión para los furtivos del pueblo.

A partir de 1865 se reguló mediante subastas las tiradas de aves acuáticas en el lago, que se verían reducidas paulatinamente hasta 1987, cuando se prohibieron definitivamente dentro del lago.

Como se puede imaginar, el control deja mucho que desear en un vergel o un paraíso de caza al lado de una ciudad, con un entorno importante de población alrededor de dicho paisaje, con numerosos caminos y accesos, donde la facilidad para entrar y salir es absoluta.

Hoy en día no se puede cazar dentro del lago. La caza se limita a los *vedats* o terrenos de la *marjal* restringidos para los cazadores de cada coto y a ocho sábados al año, a cualquier hora, entre noviembre y enero. Posteriormente, se permite cazar en *les càbiles*, de lunes a viernes en horario diurno,

como una compensación a los propietarios de arrozales y miembros de las sociedades de cazadores que por su modesta economía no pueden permitirse el lujo de pujar en las subastas de los *vedats*.

En la actualidad, la *setmana de càbiles* se transforma en un periodo de caza donde se puede disparar a cualquier hora, y no se ciñen a los fines de semana, lo cual da lugar a que en casas de aperos o motores se organicen comidas de hermandad o de amistad y la gastronomía típica de la zona sea una protagonista más de la caza.

Soy consciente de que desde las sociedades de cazadores se organizan charlas para concienciar a sus socios sobre el cuidado de especies protegidas y amenazadas, pero siempre existen desaprensivos que abaten especies sin ningún miramiento ni control.

Esta claro que las subastas se pagan a unos precios impresionantes y que esa recaudación se usa para poner *el vedat* en condiciones adecuando las acequias, los caminos, etc. Pero me sigue dando mucha tristeza sentir cómo golpean las aves en el agua durante la época de la caza, una tras otra, una tras otra y así miles de patos por temporada...

LA CASA DE LA DEMANÀ

Comenzaba a anochecer. Los campos se ennegrecían. El canal tomaba una blancura de estaño a la tenue luz del crepúsculo. En el fondo del agua brillaban las primeras estrellas, temblando con el paso de la barca.

Estaban próximos al Saler. Sobre los tejados de las barracas erguíase entre dos pilastras el esquilón de la Casa de la Demanà, donde se reunían cazadores y barqueros la víspera de las tiradas para escoger los puestos. Junto a la casa se veía una enorme diligencia, que había de conducir a la ciudad a los pasajeros del correo.

CAÑAS Y BARRO, Vicente Blasco Ibáñez, 1902, pág. 24.

< La Casa de la Demanà o de la Campaneta. El Saler. València, siglo XVIII. Propiedad del Ayuntamiento de València, que la adquirió en abril del año 2022. A partir de ahora se destinará a usos vecinales.

El acto de la *demanà* consistía en la elección del puesto de caza en la laguna de la Albufera para cada temporada. La convocatoria se realizaba por medio del toque de una campana situada en una torre de la casa que remataba el edificio. Desde esa torre se me veía perfectamente; actuabais vosotros como verdaderos vigilantes.

La casa fue construida en el siglo XVIII y restaurada posteriormente en 1920. En la actualidad, la casa está totalmente restaurada y de la original queda únicamente la fachada principal. Las rejas originales curvadas, la puerta y el vestíbulo donde se realizaba el sorteo de los puestos de caza son prácticamente los mismos que antaño.

Agradezco a la asociación de Amics de la Casa de la Demanà que, con sus valores culturales, medioambientales y etnográficos tengan la labor de recuperar, conservar y divulgar todos los conceptos patrimoniales que tengo en la actualidad y recuerden lo que hemos hecho aquí los que hemos vivido y trabajado en este entorno. La continua labor que hacen dinamizando mis pueblos está siendo encomiable.

Barcas y barqueros

La barca apareció saliendo de la niebla y subieron a ella.
Es así como deben llegar en la vida todas las cosas nuevas...
EL VIAJE DE MINA (2011), MICHAEL ONDAATJE

Toda mi vida os he sentido conmigo, desde los tiempos de la media luna, como un cosquilleo agradable navegando por mi interior.

Precisos, preciosos e imprescindibles, siempre presentes en mi vida, desde vuestros juegos de niños a los quehaceres diarios y en las duras faenas que exige el trabajo de la tierra y el agua.

Vosotros *albuferencs de peixcaors, de càrrec, granoters d'arrapar, barquetots d'aterrar i dragues, marimatxo barques gamberes,* barco correo y *ravatxol,* habéis surcado de *poner t a llevant* y *de mitjorn a tramuntana* tantas y tantas veces que no podría entender mi existencia sin ninguno de vosotros.

Hoy todavía siento ese cosquilleo y os miro con nostalgia y emoción comprobando que el paso del tiempo se conserva como antaño en vuestras formas y maneras.

Las velas latinas, a modo de lágrimas en mis aguas, me siguen emocionando cuando hacéis cada una de vuestras exhibiciones.

Oigo a los barqueros desde sus barcas, personajes peculiares donde los haya, y que forman parte de mi historia... Los oigo contando nuestras costumbres, nuestras tradiciones y nuestros relatos.

También siento su admiración cuando sacan a sus visitantes a pasear por mi casa respetando el momento para que cada uno disfrute del maravilloso espectáculo de luz que es la puesta de sol.

Oigo entre todos a uno que me causa especial apego y gracia cuando dice: «Señores, nuestra Albufera no es solo un paseo en barca, nuestra Albufera es la historia, todavía viva, de València...».

Yo me sonrojo y lo escucho con cariño, siempre...

DESDE DENTRO

EL **RAVATXOL**, BARCA CORREO

Si volem la nostra terra,
respectem el medi ambient
que del Tremolar s'enamore
quan ens visite la gent.

Que este barri siga sempre
l'orgull dels que ací han nascut
que és del terme d'Alfafar
un raconet molt menut.

Però que sapien els valencians
que fa temps fon important,
pel seu canal navegàvem
moltes barques transportant
el planter per a sembrar
l'arròs dins la marjal
puix no hi havia altre medi
que les barques i el canal.

Canal que va a l'Albufera
i pel que antigament
navegava el Ravatxol
que era barca-correu de la gent.

Des del Port del Tremolar
el barquer que era el seu guia
eixia molt matiner
a penes naixia el dia.

Però abans es reunia
en gent d'este veïnat
per a menjar fruita seca
galletes i un barrejat.

Una mescla de licors
que mataven el cuquet
mentre que amistosament
raonaven un poquet.

En la tasca de Ventura
actualment Casa Paco
canviaven impressions
i passaven un bon rato.

Comentaven l'oratge,
si feia aire de llevant,
si allò era tramuntana,
ponent o vent de la mar.

Però no s'entretenien
ja que esperava el treball
i el barquer del Ravatxol
tenia que ser puntual
puix transportava a la gent
i totes les provisions
a les distintes casetes
e infinitat de motors.

∧ Ella es Pepita Lladró. Es la autora de esta poesía sobre el Ravatxol y el puerto del Tremolar que nos ha permitido ponerla entera en este apartado de la barca-correo de la Albufera. En concreto Pepita habla de la barca del Tremolar, el otro puerto de València, pero existieron otras barcas correo en Silla, en Catarroja, etc.

Pepita es vecina del Tremolar. Dedicó su vida a trabajar en la tienda de su padre, Casa Paco, cerrada ya hace unos años cuando se jubiló definitivamente. En la última época reconvirtió la tienda en una especie de ultramarinos para dar servicio a la poca gente que quedaba en el Tremolar.

En la actualidad se dedica a escribir poesías de todas sus vivencias en la Albufera y, especialmente, de donde sigue viviendo: el Tremolar.

∧ Las imágenes que aparecen en la página 132 corresponden a distintas barcas amarradas en los canales del Palmar o en los campos de arroz de diferentes *tancats*. Solo entrar a mirar la cantidad de barcas que existen en mis adentros, en sus tamaños, formas, colores, antigüedad, ya se podría pasar una vida contando historias que ellas llevan dentro. Incluso de la que está medio hundida valdría la pena saber cuál es su historia.

En la imagen de la página 134 y 135 podemos ver una de las barcas que se utilizaban para cargar el arroz una vez segado, donde colocaban las garbas del arroz realizadas y se apoyaban en esos hierros para que fueran bien sujetas de camino a las trilladoras.

Que havien en la marjal
en mig dels camps d'arròs
i al voltant de l'Albufera
eixe parc meravellós.

L'eixida del Ravatxol
era a les sis del matí
tornant entre dos clarors
quan s'estava fent de nit.

El recorregut que feia
era des del Tremolar
al poble del Perelló
que està molt prop de la mar.

Eixe Ravatxol portava,
a part de les provisions,
herba per als animals
i notícies als motors.

Eixia per la vesprada
a les cinc del Perelló
i ell era pel canal
el centre d'admiració.

Alguna lliça botava
dins de la barca asustà
i el Ravatxol alegrava
als veïns i a la barrià.

L'evolució de la vida
ha fet que allò s'acabara
i el canal està apenat
com si algo mal li pasara.

Ell que sempre havia segut
com un pare lluitador
que li ha donat als seus fills
menjar, treball i calor.

Hui ningú es para a pensar
la tristor que té el canal
perque per ell ja no passen
les barques fins al Palmar.

Se sent brut i abandonat
ja no té eixa alegria
que tenia antigament
quan estava ple de vida.

Ell vol ser port on descansen
les barques ben arreglades
per a que els dies festius
ixquen per fer passejades.

Per a que la gent conega
l'Albufera i la marjal
el millor que té València
dins del seu parc natural.

Que si València és ciutat
de la ciència i de l'art
té un port que és molt important
que es el Port del Tremolar.

Jo me sent molt orgullosa
de viure en este racó
i anime als valencians
fent del poema un pregó.

Que no quede en l'oblit
i concienciem a la gent
que si volen a esta terra
defengam el medi ambient.

Que les aigües de les sèquies
no estiguen contaminades
per a que els escolars
realitzen passejades.

Que disfruten del plaer
que és tocar en les dos mans
l'aigua clara de les sèquies,
i l'aire pur respirar.

Que ells exploren de menuts
de forma plana i sincera
lo bonica i magestuosa
que és la nostra Albufera.

Que quan siguen més majors
allà en la universitat
lluiten per la nostra terra
davant de la societat.

Que a mi m'embelesaria
que apenes ixquera el sol
pel canal del Tremolar
navegara el Ravatxol.

ALBUFERENCS DEL SIGLO XXI

Todo cambia y evoluciona a mi alrededor. Todo se moderniza, se trasforma y se adapta a las necesidades de una sociedad empeñada en abrirse paso a costa de lo que sea.

No intenta, ni siquiera, entender cómo era la vida de aquellos a los que, al igual que a vosotros ahora, no les encaja esta sociedad de demanda, producción y consumo instantáneo.

Caballos y mulas frente a tractores; carros y carretas frente a automóviles; bicicletas frente a motocicletas; y también, paciencia frente a impaciencia.

Ahora todo corre, todo es rápido, es ahora. Luego es tarde, incluso parece que llevar un reloj de manecillas, como los de antes, haga que el minuto de ese reloj, frente a tu ordenador de pulsera, tenga 120 segundos y ese tiempo sea anticuado.

Pero todo, menos mal, no es precisamente así. Todavía hoy hay cosas que requieren de su paciencia, de su tiempo y de la destreza de sus artesanos.

Hablaros de la construcción de un *albuferenc* del siglo XXI es una tarea para mi bien fácil.

Durante muchos siglos los he estado observando a diario surcar mis aguas y os puedo decir que tanto he aprendido de ellos que soy capaz, viéndolos navegar, de decir el nombre de la mano que ha modelado su figura.

Son obras de arte realizadas por calafates que, al igual que un escultor, un pintor o un poeta, dejan la impronta de su firma en las maderas que moldean. Siglos y siglos de tradición, cambios, pruebas y errores han llevado a la construcción de estas piezas únicas.

Las formas elegantes de nuestros *albuferencs* se han mantenido vivas gracias al legado de sus plantillas, dibujos, bocetos y cualquier papel que guardase medidas, formas y herramientas que nuestros artesanos han sabido conservar y trasmitir a sus aprendices, descubriéndoles los secretos de la transformación de unos tablones de madera en obras de arte.

Las imágenes que hay en este capítulo del *albuferenc* se realizaron entre enero y finales de octubre de 2015. Se hizo un seguimiento fotográfico de la evolución de toda la construcción para poder tener constancia de cómo se hizo.

Del calafate, el *albuferenc* salió el 5 de marzo a falta de cubrir con fibra de vidrio, pintar y poner el motor.

A finales de octubre se botó la barca desde el embarcadero del Torrentí.

Así de esta manera es difícil de entender, pero quizá esta conversación que yo escuché de un calafate con su aprendiz te permita, eso espero, comprender la esencia de un *albuferenc*...

Mira, ¿ves este tablón?

¡Tócalo! siente sus vetas, sus nudos,
desliza la mano acariciando su cara, no la aprietes, ¡está viva!

Tú la sientes a ella y ella te siente a ti,
trabájala con dulzura y... ¡háblale!
Dile que es suave..., que sabes de dónde es y...
cómo se llama por su color y dureza.

Cuando la cepilles y sientas su aroma..., ¡piropéala!

Que no te dé vergüenza decirle a qué te recuerda su olor.
No le claves las puntas con rabia,
hazlo con dulzura y con orden.
Traba sus piezas y nombra sus partes
para que ella también las nombre.
Te está escuchando y observando,
tanto que, cuando tú empiezas un nuevo trabajo
en tus manos, notarás su calidez,

y esa calidez te llevará a continuar trabajando con tu corazón.
Cúbrela con su forro, dale la forma als peuets, *peina sus* barrigots,
ajústale los bordos y dile: «¡Qué bonica que estás quedando!».

Ponle los sobrebordos y así, acariciando su madera,
conseguirás la armonía entre la madera y tu trabajo.
Eso es lo que llamamos una barca con alma,
una barca que, sin tener ninguna señal,
se sabe de quién es obra y,
como calafates, no hay nada más hermoso
que cuando ya no estemos aquí la gente
reconozca nuestras barcas y nos recuerden para siempre...

Hoy en día, sobre mí navegan muchos *albuferencs* de todos los tamaños y dedicados a diferentes faenas. Todos ellos son piezas únicas y cada uno de ellos tiene su historia.

A mí me gusta seguir todas las noches a un barquero que, cuando amarra y tapa su barca, se abraza al árbol de su vela latina, le da las gracias y, como si se tratase de un hijo, le da un beso de buenas noches.

UN *ALBUFERENC* CON ILUSIÓN

Me gusta la necesidad que tenéis algunos seres humanos de ir inmortalizando momentos de las tradiciones y culturas actuales para que no se pierdan y que los que van a venir detrás de vosotros puedan conocer a la perfección lo que se hacía en este entorno tan particular y tan bello como es el de la Albufera.

Él se pasó la vida trabajando y desarrollando múltiples oficios. Como la necesidad era importante, cualquier cosa que salía la abordaba sin ningún tipo de problema ni queja. No había posibilidad de plantearse otras cuestiones personales salvo tener que trabajar y trabajar para «ganarse la vida».

El último tiempo estuvo de un lugar a otro a lo largo de toda Europa y, después de desplazarse innumerables veces, tomó la decisión de parar definitivamente y hacer de aquello que realmente le gustaba su profesión para el resto de su vida.

¡Le encantaba la mar!

Navegar era una de las cosas que le conectaban con la tierra y sacaba de sí mismo una verdadera pasión que no tenía límites.

Se me acercó y recordó las sensaciones de antaño, cuando venía por aquí bastante a menudo a ver y estar cerca de mí.

El corazón comenzó a latir de una manera especial. Su mente estuvo entretenida programando y tratando de decidir aquello que iba a ser importante para él en los siguientes años y yo empezaba a ser el resto del equipo, aquel que empezaba a ser de suma importancia en decantar la balanza entre unas posibilidades u otras, aquel que le iba a acompañar un tramo muy especial de su vida...

No sabía navegar en un lago. Sí que lo había hecho alguna vez en la mar, pero necesitaba aprender todo lo relacionado con la navegación en la laguna para hacer los mejor paseos por mis aguas.

Tras un tiempo de enseñanza y de probar lo que significaba surcar la laguna de parte a parte, de conocer la profesión y los detalles de dedicar una vida a una barca, tomó la decisión de ir hacia adelante y encargar la construcción de un *albuferenc* del máximo tamaño que permitía la legislación del parque natural y empezar una nueva singladura por su vida, que, evidentemente, tiene mucho que ver con la mía.

Encargó el *albuferenc* a dos hermanos del pueblo del Palmar y empezó la construcción. También empezó ahí una secuencia de fotografías que ayudarían a mantener, dentro de la cultura, lo que significa la fabricación, a la artigua usanza, de un *albuferenc*.

En la actualidad, quedan pocos calafates de *barquets*, pero hay algunos en los puertos de Catarroja, de Silla, del Palmar y también del Perellonet dispuestos a hacer cualquier barquito que se les solicite con el conocimiento tradicional y la tecnología actual.

UN DESPACHO ESPECTACULAR

Hay una persona que, en ocasiones, sube en la barca de Vicent y siempre le oigo decir, de manera un tanto socarrona y con algo de envidia a mi entender: «Tienes el despacho más bonito de la tierra».

La oigo y me quedo pensando un rato: «¿Qué tendrá que ver la Albufera y la barca con un despacho? ¿Yo soy un despacho?».

Si un despacho es el lugar donde un directivo de una empresa, alguien ya con cierto nivel dentro del mundo social-empresarial, se pasa las horas sacando su trabajo adelante, eso nada tiene que ver conmigo, pero, si consideramos el despacho, de manera figurada, como el lugar donde trabaja una persona dando paseos por toda mi geografía y se pasa gran parte de su horario semanal constantemente conmigo, entonces, igual damos despacho como acertado.

Y es cierto, soy un despacho increíble y espectacular, con vistas al cielo y a la laguna, con ventanas invisibles que os permiten ver el paisaje en 360°, en el que hace calor en invierno y una brisa superagradable en verano, que no necesita luz ni agua. Se enciende con el sol y se apaga con la luna y, además, cuido de lo que me rodea con toda la ilusión y energía que tengo.

Soy de todo aquel que me sabe ver. Aseguro un silencio y una paz extraordinarios para poder trabajar en aquello que más os guste y os garantizo que nadie os molestará en la realización de vuestra tarea por importante que sea.

Si queréis tener alguna reunión, podéis hacerlo sin problema y no hay necesidad de micrófonos ni de pizarra, se transmiten la voz y los mensajes de una manera extraordinaria.

Si lo que buscáis es silencio, paz y un descanso, estáis en el sitio adecuado.

< Para navegar por mis aguas es necesario obtener una autorización municipal y siempre con embarcaciones inscritas en el Registro de Embarcaciones del lago de l'Albufera.

No precisan autorización las embarcaciones de recreo a motor con una potencia máxima de 10 kw y de hasta 4 metros de eslora, así como las de vela o percha de hasta 5 metros de eslora.

UNO DE LOS GRANDES PASEOS

Pasear en un *albuferenc* por las aguas de la Albufera y dejar que vuestros sentidos trabajen sin intervención de la cabeza es una experiencia que debería realizarse cada semana del año. Vuestra vida y vuestra salud ganaría enteros tanto en el aspecto físico como emocional y hasta espiritual.

Estar en contacto con la naturaleza y sentiros lejos de la ciudad, de sus ruidos y sus prisas, tener la posibilidad de verla, pero sintiendo que no pertenecéis a ella en ese momento de paseo por mis aguas, hace que algunas de las personas que trabajan en este entorno tengan trabajo de por vida en un lugar espectacular.

Si salís del Palmar, que es el lugar desde donde normalmente se va a mis aguas, iréis a la laguna por la carrera de la Reina cruzando la Sequiota Llac de l'Alcatí, que es la acequia que os lleva hasta el Perellonet.

Dejamos a la izquierda la Mata de en Torre y el Fangaret y os dirigís hacia la Mata del Fang. La atravesamos y pasamos por delante de la zona protegida de reserva de aves para girar a la izquierda y salir al centro del lago, viendo la Manseguerota a la derecha y dirigiéndonos, de nuevo, hacia el Palmar, pero esta vez atravesando los antiguos canales de circulación de las barcas por la laguna, llenas de carrizos y de cañas.

En este pequeño paseo, descubriréis mucha de mi vida y de mis vivencias que os resultarán originales y atractivas, un paseo que no os llevará más allá de una hora de vuestras semanas y donde podréis experimentar la grandeza que se vive en un lugar especial para la naturaleza. La paz que se transmite y que podríais sentir os permitiría encarar el resto de la semana de una manera más tranquila y equilibrada.

Otros lugares desde donde se pueden hacer paseos en barca son los diferentes embarcaderos que existen alrededor del Palmar, y también se puede salir desde los distintos puertos que hay alrededor de mis orillas.

NAVEGAR A PERCHA

Me encantaba sentir el calor de la madera de la percha,
atravesarme y llegar al fondo del fango hundiéndose.
El roce del avance de la barca el cuerpo me arqueaba
en cientos de surcos que se alejaban en mil renglones.

A través de mí, alguien podía conseguir sus objetivos,
avanzar o retroceder, movimientos sencillos y únicos
para que las barcas tomaran la dirección adecuada
y llevaran a los pescadores a los lugares deseados.

A los buenos perchadores se les notaba a la legua:
movían la percha con gran destreza, de manera suave,
sin clavar en exceso la vara en el fondo del lodo
y dando cierta distancia con los brazos al cuerpo.

También sonreía cuando algún inocente perdía la percha
porque la clavaba tanto en el fondo que no podía soltarla
y, salvo que llevara otra en la barca, ahí se quedaba,
esperando que algún otro pescador pudiera remolcarla.

Para el barquero que usa la percha, debe de ser un lujo
sentir el gran avance por la fuerza de su empuje
sabiendo que estoy ahí, en todo momento, ayudándole
para que no me cambie por alguno de esos motores.

Si algún día vienes a navegar por mis aguas en barca,
hazlo navegando a vela o, cómo no, con una percha
sentirás el placer de deslizarte totalmente en silencio
y verás mis movimientos para ayudar a llevarte.

Aprovecha para dejar esos momentos en tu memoria
porque dentro de unos cuantos años ya no existirán
y solo tus recuerdos formarán parte de la historia
de lo que un día los barqueros utilizaban para navegar.

Quizá en algún museo o en alguna cofradía de pesca
guardan alguna percha como recuerdo y para que se vea
la manera que teníais hace algunos años de navegar
y de mover vuestras barcas rozando mi cuerpo al pasar.

Vela latina

Aunque es imposible guiar el viento, sí puedes cambiar
la dirección de tus velas para aprovecharlo.
Proverbio chino

Se cree que su origen fue un río de Egipto llamado N lo que
disponía de unas barcas que las llamaban falucas. En estas,
una vela triangular se hallaba dispuesta en una antena que
cruzaba de manera oblicua un mástil que normalmente estaba situado en la proa de la barca y recorría longitudinalmente
el casco.

A partir de ahí fueron los marinos y los comerciantes los que
se encargaron de difundir su uso por todo el Mediterráneo.

En un principio, esa fue la manera en la que todos se relacio-
naron conmigo desde sus barcas, con la percha y con la vela
latina que utilizaban para las faenas pesqueras, pero también
para la caza, el cultivo del arroz y el transporte de personas
y mercancías entre los distintos puertos de mi geografía que
necesitaban comunicación entre ellos.

En la actualidad, soy un refugio de la vela latina. Prácticamente en cada puerto hay asociaciones de este tipo de vela
que luchan para mantener la manera más tradicional de desplazarse por la laguna. Lo que me llena de satisfacción son
las escuelas que están funcionando donde se enseña este
tipo de navegación.

Con un calendario de marzo a octubre, se realizan una serie
de exhibiciones que tienen el objetivo, por una parte, de darla

a conocer al público en general y, por otra, de participar en
una especie de regata para todos los aficionados, en los mismos *barquets* que se realizaba antaño.

La vela latina ha sido declarada bien de interés cultural inmaterial, lo que significa que esta actividad «constituye un
legado patrimonial de inapreciable valor, cuya conservación
y enriquecimiento corresponde a todos los valencianos y
especialmente a las instituciones y poderes públicos que os
representan», tal y como reza el preámbulo de la Ley del Patrimonio Cultural Valenciano.

Os vi el otro día en ese almuerzo de hermandad que se realizó
en la plaza del Palmar, ya que ese día organizaba la exhibición el Club de Vela Latina del Palmar y a la que se sumaron
otras asociaciones como las de Silla, Catarroja, el Perellonet,
Sollana, etc.

Me encanta ese ambiente festivo y tradicional que veo en
esos días y que le da colorido y prestancia a la regata que
se celebra posteriormente en mis aguas por todos los que
habéis participado en el almuerzo.

Este deporte debería ser insignia de todos los valencianos,
aunque soléis apreciar mucho más las grandes competicio-
nes en la mar que estas grandísimas regatas en mis aguas.

UNA EXHIBICIÓN EN TODA REGLA

Son las 10 de la mañana y veo cómo cruzáis los puentes para acercaros a la plaza del Palmar. Os espera un buen *esmorzaret* antes de empezar la exhibición de vela latina. A casi todos los participantes que salís desde el Palmar se os ve animados por la regata.

Sobre las 11, más o menos, empieza el movimiento de las barcas hacia la línea de meta, que en esta ocasión es alrededor de la punta de *llebeig*. Unas barcas se acercan con su motor y otras, al no tenerlo, son arrastradas por unas terceras, ya que carecen de capacidad de autopropulsarse.

Todas las barcas se alinean entre los cañares con las velas totalmente arriadas y las tripulaciones a la espera de la salida preparando todo lo necesario.

El público que ha acudido a ver la regata se protege con toldos, con sombrillas o paraguas para no caer de una insolación.

A las 12 se da la salida y todas las tripulaciones se ponen en marcha subiendo las velas a toda velocidad para atrapar el poco viento que en esos momentos pueda estar soplando.

Se espera viento a partir de las 12.30, pero hasta entonces, el ritmo es muy lento y prácticamente no se puede regatear. No obstante, las barcas avanzan hacia la Mata de l'Antina para girar posteriormente hacia la Manseguerota y acabar en la línea de meta, situada junto a la salida.

En su trayectoria, y a medida que avanza la regata, ya se pueden vislumbrar aquellas embarcaciones que de alguna manera están compitiendo de aquellas que han venido a participar sin mayores pretensiones.

Dos barcas que no llevan nombre en el casco se adelantan escoradas hacia la derecha de mis aguas. Detrás les siguen el resto: M.ª Isabel, Marina, Llibertat, Peixcadora, Caluma, La Rosa de los Vientos, Anegueta, La Barca, Bonmatí, Roxanne, La Chiqui, V-4210, Corvera, Mitjana.

∧ Tripulantes esperando la salida de la regata, charlando y revisando todo lo imprescindible para tener una buena regata. Todos, eso sí, con las velas bajadas antes de empezar.

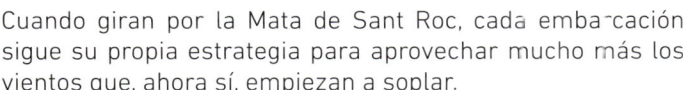

Cuando giran por la Mata de Sant Roc, cada embarcación sigue su propia estrategia para aprovechar mucho más los vientos que, ahora sí, empiezan a soplar.

M.ª Isabel, con una vela más grande, parece que puede ganar la regata. Se escora hacia la Manseguerota y sigue en línea recta hacia l'Antina para aprovechar el viento que sopla en ese momento. Marina acorta por la mitad de mis aguas y, sin bajar tanto a l'Antina, sube hacia la Manseguerota algo más lenta, pero con un ritmo suficiente como para que, en ese tramo, adelante a M.ª Isabel.

Caluma baja tanto hacia l'Antina que pierde algo de espacio que ya no puede recuperar con las otras dos embarcaciones.

Por la Manseguerota giran primero los tripulantes de Marina y, a pocos metros, pero con mayor velocidad, gira la tripulación de M.ª Isabel, que ya se intuye que van un poco más escorados hacia el centro de la laguna y han recogido mejor viento que los de Marina.

Visto lo que M.ª Isabel está haciendo, Marina rectifica el rumbo y pone la dirección a la meta, notándose en ese momento que la regata se hace superinteresante. Buscan desesperadamente la dirección del viento para conseguir la mejor de las empopadas si quieren tener alguna opción para ganar la regata de hoy.

La estrategia y los distintos trasluches que las embarcaciones hacen suben la tensión de la regata en un final no apto para cardíacos. Desde lejos no se aprecia cómo se está desarrollando este final de regata, pero a 100 metros de meta no está claro quién puede llevarse la victoria. Finalmente, y por casi media barca, gana la tripulación de Marina.

Estos grandísimos navegantes del lago han demostrado que no todo es un barco grande con grandes velas, sino que la estrategia y el conocimiento de los vientos es lo principal para lograr una victoria que, desde el inicio, se hacía muy difícil de predecir. Esto es la maravilla de este bien de interés cultural que a todos los niños valencianos se les debería enseñar.

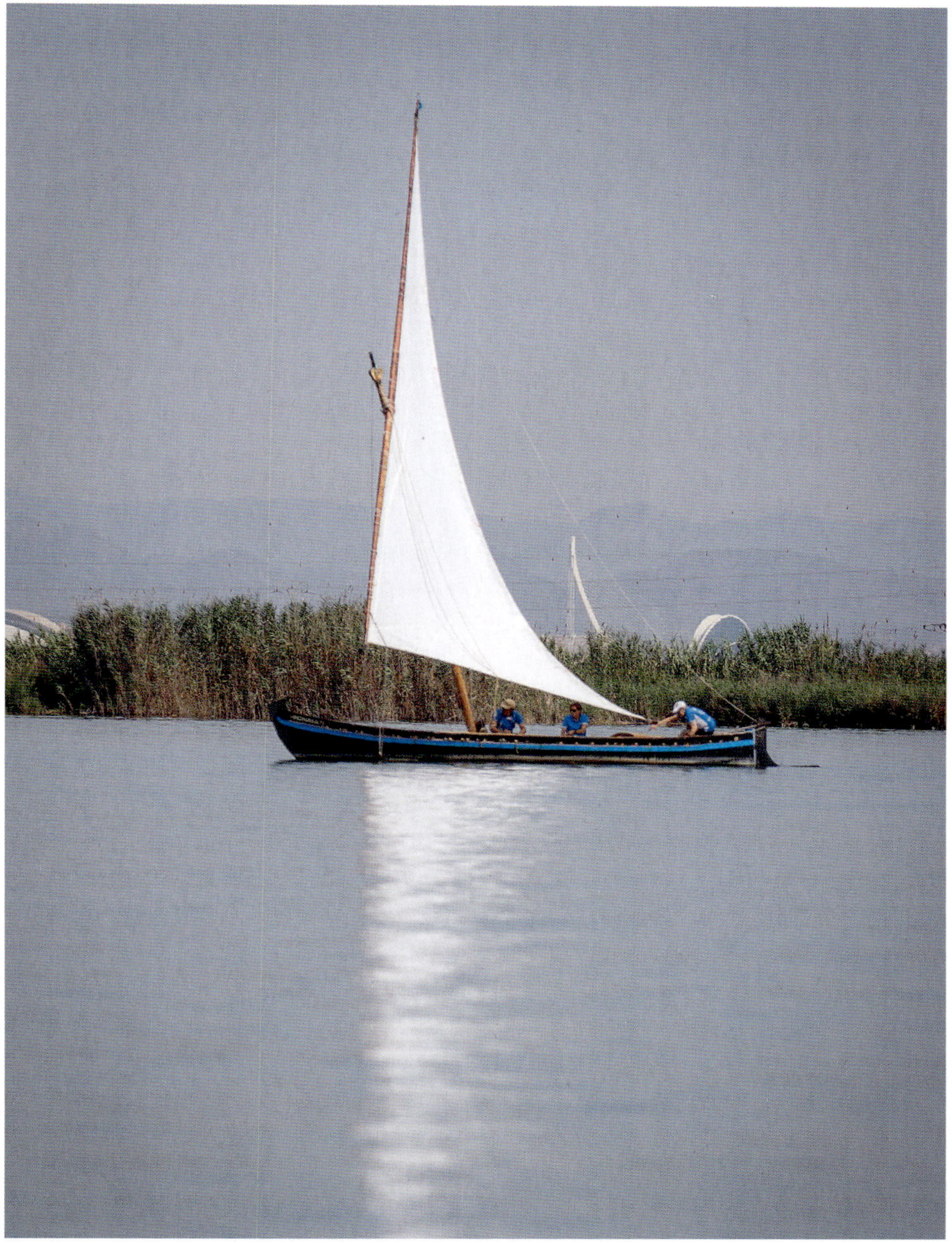
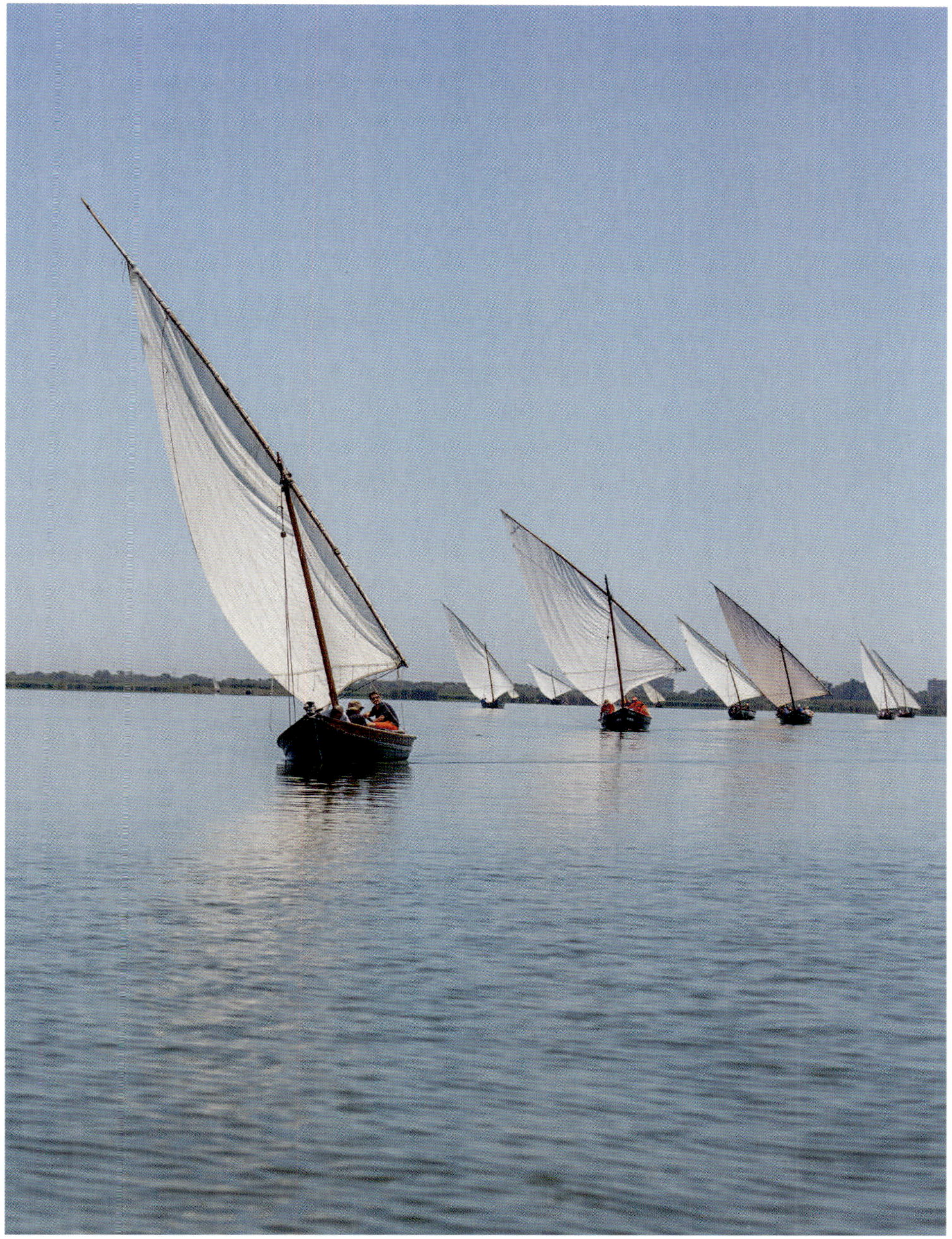

LA TRINA VA DE REGATA

Tanta es la pasión que tenéis algunos de navegar con la vela latina sobre mis aguas que un día se diseñó una embarcación respetando las morfologías de todas las embarcaciones de la laguna. Poseía la máxima seguridad en flotabilidad y un amplio espacio interior seguro. Se destinó principalmente a la docencia de gente joven.

Rafael Noguera fue el padre de La Trina, un *albuferenc* diseñado únicamente para navegar por la Albufera con todo lo mejor de la historia, la cultura y la tradición de muchos calafates.

Los materiales de los que se hizo eran totalmente sostenibles, con el máximo respeto al medio ambiente y sin ningún tipo de problemas de mantenimiento.

En aquella época, se formó el Club Asociación de Vela Latina Valenciana del Palmar, gracias al impulso que le dio don Rafael, que, como él mismo comenta alguna veces, rehabilitó un *albuferenc gamber* y se lanzó a navegar por todos mis parajes.

La ilusión es tanta que algunos contáis los días para que empiecen las exhibiciones y poder transmitir la fuerza de la cultura de vuestro entorno y de vuestros antepasados que, todos, gobernaron sus *albuferencs* con todo tipo de vientos sobre las aguas de mi cuerpo.

Una de esas mañanas, algunos pudisteis disfrutar de un día mágico encima de La Trina, con la que, dicho sea de paso, parece que es un placer navegar, aunque los que ese día la llevaban no tuvieron la suerte para poder ganar la regata.

Gracias a este tipo de acciones y de la pasión de muchos de vosotros, se consiguió que se declarara la vela latina bien de interés cultural inmaterial junto con la pesca tradicional que habéis hecho desde siempre aquí.

Esto garantizará la protección y preservación de esta manifestación cultural tan importante para vosotros y para las generaciones futuras.

∧ Fotografía de La Trina amarrada en el puerto del Palmar, que es donde habitualmente la podemos ver. Fue el espíritu innovador de don Rafael Noguera, exjefe de Cardiología del Hospital General Universitario de València, y que desde hace más de 20 años navega con diferentes embarcaciones por la Albufera, quien le dio vida a tan espectacular barca de vela, lo que lo convierte en el verdadero *albuferenc* del siglo XXI.

LOS VIENTOS DEL ENTORNO

El aire, el viento, el soplo o el suspiro... El aliento, la importancia de algo tan simple y sencillo como la respiración, el aire y los vientos: todo influye en mí y en vosotros de una manera increíble que, en ocasiones, no tenéis en cuenta.

Es invisible pero poderoso, no se ve en tus manos, pero, aun así, es capaz de destruir todo aquello que se le pone delante. Un elemental que tiene su lugar en el espacio y en el tiempo.

Todos lo han sabido aquí desde siempre: el mejor aire para este entorno es el *llevant*. Quizá para los nuevos agricultores, que están introduciendo nuevos cultivos, no sea tan beneficioso porque lo arrasa todo y además lleva salitre, que, como decís por aquí, lo quema todo.

Otros opináis que el mejor es el poniente porque parece que sea más saludable, aunque cuando sopla tan fuerte como lo hace a veces, destroza todas las orillas y las islas que tengo en mi entorno.

Del temporal de *tramuntana,* dicen los pescadores que ni caza ni pesca, mientras que *el llevant y el ponent,* siempre ponen. Ambos son beneficiosos para la pesca, especialmente el *llevant.*

La pesca ha querido *llevant*, movimiento de agua y que tenga un poco de salobre porque, como la anguila maresa es de agua salada, detecta ese salobre y tiende a buscarlo en las golas, donde muere por caer en las redes que ponéis los pescadores en mis aguas.

Hay que entender cómo respira el aire: si es un soplo, una brisa o un temporal, aunque, a veces, es una tormenta y podría ser un huracán; vientos que me cuentan historias lejanas, de mis hermanos y hermanas repartidos por el mundo; vientos que me transportan a lugares diferentes para que yo cuente las historias que narraba Blasco Ibáñez sobre estos lares; vientos que limpian mis recuerdos y me ayudan a no retener esos pensamientos que en ocasiones me encuentro.

∧ Dibujo realizado por el Torrentí mientras explicaba a unos amigos los vientos de la Albufera. Dentro situaba las distintas zonas de mi cuerpo, por donde era atravesada o peinada por cada uno de ellos. Lejos de utilizar cualquier dibujo ya hecho, descargado de la red, todavía se puede hablar haciendo un pequeño dibujo a mano donde se guarda una conversación interesante con amigos.

EL VIENTO, MI VIENTO

Susurro del alba que, poco a poco, me despierta con sus caricias meciendo mis aguas, acariciando mis espigas y trasportando mis aromas hacia todos los puntos cardinales.

El viento, mi viento,

a veces cálido y suave, que me recorre como unas manos expertas que acarician el cuerpo de su amante...,

a veces frío y duro, que recuerda que la vida aquí
no es nada fácil para nadie y...

otras veces fresco y agradable, que alivia del calor asfixiante de ciertos días en el verano...

El viento, mi viento,

que forma parte de mí como los campos de arroz,
las barracas o las acequias...

El viento, mi viento,

que condiciona y obliga a las gentes a adaptar sus costumbres, cultivos, sus casas e incluso sus caracteres...

El viento, mi viento,

que desde hace miles de años me mece y cada día
me acaricia como si fuera la primera vez...

Este es el viento, mi viento.

Barracas

Las tapias son paredes sin cimientos construidas con
adobes de tierra y tamo que, con ayuda de fanco, se asientan
de plano los unos sobre los otros, correspondiendo, por
consiguiente, a la longitud del adobe el espesor de los muros.
MARTINEZ ALOY, 1925

^ Parte trasera de la barraca, cuya estructura
coincide casi perfectamente con la parte delantera, pero esta última podía dar a un campo o una
explanada donde se hacía la vida, ya que la fachada principal daba a los canales o a la laguna.

Son esas casas que hacíais antaño con tejados de pendiente
pronunciada y paredes encaladas que se levantaban orgullo-
sas y humildes en los entornos de mis aguas.

Son un icono que ha estado presente en la cultura de València y de su imagen al mundo..., un estilo de vida. La huerta y
la Albufera.

Este tipo de vivienda ha llegado hasta la casi extinción y solo
quedan algunas que, en lo cultural y lo tradicional, conservan
la información de cómo vivían vuestros antepasados.

Barro, cañas y paja son los materiales de los que se hacían
antaño y que, generalmente, precisaban de un mantenimiento anual para tenerlas habitables y en perfectas condiciones
de uso.

Les pusisteis una cruz para distinguirlas de la media luna
cuando había que saber si los que vivían eran cristianos o
musulmanes y eso fue en los tiempos de Jaime I.

Las situabais con una orientación este-oeste para que siempre corriera el aire dentro de la casa.

Tenían una habitación en la planta baja junto a la cocina-co-
medor y otra en el primer piso. En el altillo, por lo general, se
guardaban los aperos y todos los víveres.

De las barracas del pueblo de Pinedo, fueron famosas las del
Cubano y las barracas de Montoliu (derruidas estas últimas a
finales de los años sesenta).

En 1998 fue demolida la última, conocida popularmente
como la barraca del Cotero o también de la Tía Rosario, del
siglo XVIII, que permanecía deshabitada y en estado de completa ruina.

La Genuina, también en Pinedo, hoy es una bonita y antigua
barraca convertida en restaurante de gastronomía valenciana. El cariño y el esmero con que se cuida la construcción,
conscientes de que es una de las pocas que quedan de la época, es espectacular, y al que va a comer allí no sabe lo que le
ha gustado más, si la gastronomía de la zona o la belleza del
interior de la barraca. Especial es el cuidado que se tiene de
su cubierta para que luzca como se merece.

Los puertos en mis orillas

El Port del Saler

Un puerto es un lugar encantador
para el alma fatigada de luchar por la vida.
CHARLES BAUDELAIRE

Cuando pienso en este espacio, lo que siento es rabia y tristeza. Si pudiera llorar como vosotros, estaría limpia y sana como una patena o quién sabe si tan llena de odio que habría ya muerto del todo.

Uno de los productos más apreciados, aparte de la pesca y la caza, de todo lo que he ofrecido a los habitantes de esta zona, desde lo más profundo de mí, era la sal. Un producto tan necesario que hasta el papa la estancaba en Roma para sus dominios.

De ahí viene el nombre de esta pedanía de València que vosotros llamáis el Saler, de las barracas y los almacenes que han existido en esta zona desde la época romana y que se utilizaban para enviar la sal al resto de puertos, pero principalmente a València.

Lo cierto es que, hasta hace bien poco, este espacio había subsistido y, entre los reyes y los plebeyos que vivían de ello, se iba manteniendo y conservando en circunstancias de cierta armonía con todo el entorno.

A algunas personas les he oído contar que era tan bonito como Venecia, pero lo que yo recuerdo es que era un centro donde la vida se apreciaba y se cuidaba por encima de todo y, a pesar del bajo nivel cultural de la gente, el respeto era mucho mayor que ahora. Los espacios estaban enriquecidos por el trabajo y por la amabilidad de la gente agradecida con lo que estaban haciendo.

Y llegaron algunos sabios, alrededor de los años sesenta, esos que lo hacían todo en pos del progreso y el desarrollo de la humanidad, que convirtieron este espacio en algo que nunca hubiera querido vivir.

Fue una verdadera agresión propia de desaprensivos que lo único que querían era *civilizar* lo que nunca se tendría que haber tocado.

Cambiaron el puerto por un *camping*, hicieron una autovía que más bien es un trocito de sí misma, volvieron los aterramientos, que me dolieron como si no supiera lo que era eso, eliminaron parte de las dunas que me protegían y la vegetación que existía desde tiempos inmemoriales, cuando se iba cerrando la restinga, para construir edificaciones, hoteles, campos de golf e innumerables urbanizaciones... Todavía hoy se puede ver todo el desastre que se realizó tiempo atrás.

¡Solo tengo ganas de llorar y yo no sé qué es eso!

Vivir es convivir, tener respeto por aquello que genera todo lo que tú necesitas y estar siempre agradecido por ello. Cuan-

do se destruye la naturaleza, aquello de donde sale absolutamente todo lo que cada uno de vosotros necesitáis, estáis destruyendo la vida y dejando a las futuras generaciones con menos recursos de los que habéis contado vosotros.

¿Para qué queréis ser tan inteligentes y vivir con tanto conocimiento, propuestas, planes de desarrollo y modernización, si acabáis destruyendo todo aquello que os mantiene vivos?

No habéis aprendido absolutamente nada de las especies que habitan mi entorno: las aves que viven y me respetan, los peces que comen y crecen dentro de mí y encima del fango maltrecho, las plantas que surgen de mi interior... Nadie destruye aquello que ha creado la vida.

Hubo un tiempo, cuando empezaron los aterramientos, que sentía mi desecación. Pasaba miedo cuando me hacíais cada vez más pequeña para utilizarme en vuestro propio beneficio y no sabía si viviría. Entonces llegó alguno de vosotros

que paró aquella sangría y os tuvo que prohibir, bajo multas y amenazas, que pararais en esa conquista, en esa ambición sin límites, digna de un gran comportamiento machista.

Creo que influyeron mis plegarias al Cristo de la Salud y a san José, aunque también a la Virgen de los Desamparados. Tengo que agradecer que haya gente que me esté echando una mano y quieran conservar lo poco que nos queda de lo bueno que tuvimos.

¡Solo tengo palabras de agradecimiento a toda esta gente que me ayuda y se dejan su tiempo en conseguir la transparencia!

Si lo que podemos ver ahora en estas imágenes es bonito, imaginaos lo que fue en algún tiempo donde habían trabajadores y vida en un lugar donde el agua era una protagonista de primer orden y a todos servía con todo el calor y la amabilidad que se merecían.

^ El puerto del Saler es uno de los principales accesos a mí. Actualmente es propiedad de la Generalitat Valenciana, aunque antaño, cuando tenía otra ubicación, era propiedad municipal. Ahora se pretende el Ayuntamiento quiere recuperar esa propiedad para hacerse cargo de todos los trabajos necesarios para mantener este pequeño puerto en condiciones de uso.

El Tremolar

El recuerdo es el perfume del alma.
GEORGE SAND

El Tremolar es un pequeño rincón donde existe un puerto de pescadores y arroceros que a lo largo de su historia han estado a caballo entre València y mis aguas en la Albufera.

La belleza del lugar y de todos aquellos que pasaron por el entorno del Tremolar mantiene viva la esencia de todo lo que fue y se hizo en este pequeño paraíso de mi entorno. Los que ahora viven aquí tienen el recuerdo más fresco de ello.

El Tremolar era el otro puerto de València, el lugar desde donde adentrarse hacia mis aguas limpias por aquel entonces. El lugar donde llegaban las barcas cargadas con las garbas del arroz de la siega para que en cualquiera de las trilladoras se separara el grano de la paja.

El canal estaba limpio y transitable, y por él pasaban las barcas que se dirigían hacia los *tancats* para trabajar en el arroz, pero también circulaba con asiduidad el Ravatxol una barca correo que comunicaba el embarcadero del Tremolar con el Saler, el Palmar y llegaba hasta el Perelló.

El barrio se llenaba de gente en la época de la siega y llegaban cuadrillas procedentes de Ayora, Tuéjar, Llíria, el Rincón de Ademuz, etc., que utilizaban el barco correo para ir a trabajar y por la noche disfrutaban en la taberna de Casa Paco de unos *cacaus i tramussos* echando unas partidas de truc.

El Tremolar era un paraíso con una actividad frenética, especialmente en la época del arroz, pero también por los pescadores que disfrutaban de mis aguas cristalinas recogiendo gambitas, *llissas* y, especialmente, anguilas de la zona.

La taberna de Paco Lladró la llevó su hija Pepa hasta que se jubiló hace unos años. «Yo no la hubiera cerrado nunca porque esa tienda era mi vida y daba servicio a los pocos que quedábamos por aquí. Al principio era la excusa para seguir en el Tremolar, ahora no me iría nunca de aquí», me decía Pepa Lladró.

El canal ha estado obstruido algún tiempo y las barcas que quedaban en el embarcadero no podían llegar a la Albufera. Ahora parece que lo han limpiado y se puede navegar por él, aunque no está tan limpio como antaño.

De las trilladoras de entonces, queda la de Pasiego, que en la actualidad se mantiene más o menos entera y toda la maquinaria dentro, y también la de Caguetes, de la que tan solo queda en pie su chimenea más representativa y no puedo decir que ninguna vaya a durar mucho tiempo más.

En la actualidad, la gente que queda en el pueblo mantiene ciertas tradiciones como las fiestas en honor de la Mare de

El Molí o la Trilladora de Pasiego. Se puede apreciar el empedrado del *sequer* que se utilizaba para secar el arroz una vez separado de la paja. Este molino está en buenas condiciones de conservación y mucha de la maquinaria de entonces se mantiene en buen estado.

Déu dels Desamparats, en la que se realizan cenas a la fresca, meriendas infantiles, bailes populares y juegos tradicionales valencianos, así como una gran procesión de la Virgen por los canales del barrio.

Tengo que ser algo reiterativa y algo pesada en mis pensamientos y sentimientos. Entiendo perfectamente la evolución y el constante cambio en el que estamos todos metidos, pero mantener la belleza histórica de los lugares que fueron, y todavía pueden llegar a ser, es solo una cuestión de que alguien con cierta autoridad mire el puerto del Tremolar o pasee por él y se ilusione con recuperar los paseos en barca desde el otro puerto de València hacia el Palmar, el Saler o Catarroja, que se pueda disfrutar de paseos vespertinos para ir en barca a ver la puesta de sol. Recorrer los *tancats* hasta la laguna tiene que ser algo espectacular que se podría conseguir a poco que alguien de vosotros, de verdad, viera la posibilidad de potenciarlo. Es un lugar donde poder mostrar vuestra cultura y vuestras tradiciones con

actividades organizadas desde el mismo puerto, con visitas a lo que queda de entonces en el entorno, las trilladoras, los *sequers*, etc.

Estáis en un momento importante, ya solo quedan algunas personas de entonces, que no se van porque sienten el orgullo de disfrutar a diario de un privilegiado paraíso. Ellas pueden ayudar a ponerle algo de vida al Tremolar y algo de amor a este espacio.

Hay que conseguir que no se pierda parte de vuestra cultura y vuestras tradiciones, que espacios de incalculable valor no queden para la posteridad por lo que fueron, sino por lo que son y lo que aportan.

Como me decía Pepa, la hija de Paco Lladró, «si el canal se mantiene limpio» se podría ir despertando cierto interés en recuperar este precioso lugar que tenéis todos los valencianos y del que la mayoría ni conocéis de su existencia.

En todas las imágenes se aprecia el canal del Tremolar y las barcas que en la actualidad reposan en sus aguas. Algunas de ellas están en venta. Este es el canal que dice Pepita que podríamos tener limpio, aunque no siempre es así.

Es cierto que el Ayuntamiento de Alfafar drenó y desbrozó el canal para mantenerlo limpio y en las mejores condiciones de uso de todos los vecinos en el año 2020, pero hacía alrededor de 5 años que no se realizaba esta tarea.

El Portet de Sollana

Los náufragos no eligen puerto.
Jacinto Benavente

Quisiera que vinieras a verme con tiempo y sin prisa,
quisiera que pasaras un tiempo hablando sin camisa
y escucharas lo que digo despacio y con una sonrisa
sintiendo que el viento te susurra con una suave brisa
para hablarte de un lugar como si fuera una poetisa.

Entra por el canal, nada más pasar el Motor de Ratlla
son 400 metros hasta el *portet* y está lleno de cañas.
Pásalas sin miedo y no te preocupe nada troncharlas.
Verás alguna barca casi abandonada en alguna orilla
y de la basura, ni caso, aunque yo me sienta violada.

Es un lugar de paz, se creó cuando aún se pescaba
ahora parece abandonado, pero te va a encantar.
Se respira una sensación de antaño, como recordaba,
la belleza del lugar solo nos habla de recapitular
encontrar las palabras solo para poderte embelesar.

Aquí se juntaban cazadores, pescadores, labradores,
también terratenientes que vigilaban a sus trabajadores,
los mismos que dedicaban esfuerzos en aquellos albores
entre campos, acequias y los caminos de entonces
recordando algunos tiempos en que eran musulmanes.

El *portet* es el lugar que mantiene oculta toda mi esencia
a pequeña escala, pero absolutamente con toda la potencia
de lo que fue la vida en un tiempo de ausencia y carencia
donde todo se construía para mantener a la propia familia
y esfuerzos no se escatimaban para llegar a la iglesia.

Ahora atiende: tenemos un mirador para observar las aves
pequeño y solitario, pero quien tenga interés lo sabe,
una barca de vela latina a la antigua usanza que corre
pintada en colores de azul y verde con toques de cobre
y el Motor de Bala que estará para que hoy te encuentre.

Las casas de aquí con miradores hoy son unos almacenes,
unas se reformaron y con peor suerte otras desaparecieron,
pero todas vivieron cómo era el trabajo de entonces:
jornadas enteras dedicadas a la tierra que ya se fueron
entre velas, acequias y plantaciones que ahora se esconden.

Aquí a mi lado han hecho un proyecto muy interesante:
los llaman filtros verdes, que limpian el agua circundante
con humedales artificiales y un montón de estudiantes
que quieren ayudarme a ser transparente y recuperarme
de esta suciedad que me cubre y que es abochornante.

Siento que estos lugares son muy especiales para mí
aquí me puedes conocer como soy y no como una mártir
puedes disfrutar de la belleza de cada momento fértil
y de las transformaciones que suceden como una catarsis
pasando del azul al rojo y del amarillo al rosa muy fácil.

Estoy feliz de sentir que personas me cuidan y miman
que vienen y se sientan con paciencia y me alivian
miran, observan y sienten como en la vida misma
se van muy reconfortados y yo quedo muy agradecida
de que alguien, conmigo, ponga a su vida una gran guinda.

Conservar estos lugares es primordial para mi vida
poder contar a los pequeños porqué todavía estoy viva
que crezcan con los valores que me hicieron creativa
y cambiaron mi cuerpo para que todos tuvieran cabida
aprovechando el poder del agua que todo lo cuida.

Ven a verme cuando quieras, estaré aquí siempre
para hablarte de lo que fuimos y no tengas que irte
a buscar respuestas extrañas donde nunca estuviste
espero el tiempo en que la vida se reconquiste
y me puedas conocer de verdad después de reírte.

EL PUERTO DE SILLA

Dentro de veinte años lamentarás más las cosas que no hiciste
que las que hiciste. Así que suelta amarras y abandona puerto seguro. Atrapa el viento en sus velas. Sueña. Explora. Descubre.
MARCK TWAIN

Es uno de los puertos donde puedo expresar un sabor de colores
de esos que respiras cuando tu entusiasmo te lleva a moverte,
a encontrar lugares casi olvidados entre la huerta y los arrozales
en los que el tiempo los dejó ahí para enamorarse del pasado.

Entonces, las barcas me hacían compañía en mis propias orillas
y los habitantes de antaño paseaban su amor por mis aguas
con la tranquilidad de que los sueños que se viven se evaporan
en los espacios donde el futuro marca los ritmos de la separación.

De aquellos cartagineses, esos que empezaron desecando el agua
hasta hoy, quizá las circunstancias y el tiempo no hayan cambiado.
Entonces los de Cartago me olvidaron y me fueron reduciendo,
y muchos de vosotros no sabéis ni que existo al ladito de Silla.

Uno de los cinco brazos que me quedan y que me hacen grande,
porque los recuerdos permanecen en los espacios donde se vive,
me dicen que se sabe que un día mis aguas bañaron los lindes
del pueblo en el que su nombre nada tiene que ver con sentarse.

Los habitantes de antaño daban buena cuenta de ser pescadores
y manejaban el fango con las manos para sacar grandes anguilas
plantaban sus redes y las ponían certeras para la pesca de altura
situando los *mornells* a cobijo para cubrir todos los escondrijos.

Un gran amasijo de huellas encuentras en este paraje de ensueño
y una de las grandes es un pequeño puente levadizo de entonces
que servía para dar paso a las grandes barcazas repletas de arroz
hacia el canal que salía hacia el sur donde se llevaban a descargar.

También se abría el puente a las barcas que traían la arena,
que sacaban moviendo y drenando el fondo de mi laguna,
para utilizarla como un material de construcción muy valioso
para los grandes contratistas y constructores de entonces.

También existe una huella muy interesante que nombrar,
y es la polea manual que se encuentra en la propia pasarela
para levantarla y bajarla sucesivamente según necesidad
y que merece que pongáis la atención en ella cuando vengáis.

Hoy este puerto revive y me hace mucho más presente y eterna.
Surcan mis aguas con unas barcas que ellos llaman piraguas.
Son rápidas y siento como casi vuelan siendo uno, dos o cuatro
los que empujan el agua con sus palas de izquierda a derecha.

No solo hacen las exhibiciones de vela latina desde el Port de Silla,
sino que desde hace cincuenta años me rodean con sus barcas
haciendo unas rutas por etapas para cubrir mis 30 km de ancho
o bien me cruzan deprisa en diagonal hasta el puerto del Palmar.

Me encanta escuchar a niños, niñas y algunos algo mayores
cuando entrenan por mis aguas y recorren todos los canales.
Es como renacer y sentir que la vida está de nuevo en las orillas
con las historias de ahora, que encuentro sumamente atractivas.

La tranquilidad que se desprende se mantiene día y noche
y os va a permitir escuchar las conversaciones de pescadores
y de navegantes que un día vinieron expulsados de la huerta
para ganarse la vida con la riqueza que tenían con mi laguna.

El puerto del Palmar

Amar es un mar alborotado de olas y vientos
sin puerto ni ribera.
Ramón Llull

Era un paraíso lleno de palmitos y de ahí el nombre que le pusieron a esta isla casi deshabitada por muchos años.

Se cree que en su interior en algún momento de la época árabe hubo alguna alquería andalusí que posteriormente fue donada a la Orden de San Juan del Hospital por el nuevo habitante y dueño, que fue el rey don Jaime I.

Gente de Torrent y de otros pueblos cercanos que se dedicaban a la producción y el comercio de escobas se adentraban en la isla y, después de proveerse de palmitos para todo el año, la abandonaban sin permanecer en ella como residencia.

Por distintas disposiciones de este rey se fue poblando de pescadores que venían al lago para poder colonizar la zona y construir sus barracas, que eran las residencias de esos mismos pescadores y de toda su familia.

En 1854 ya existían 65 barracas y una ermita por un total de 289 habitantes, un espacio que pertenecía al municipio de Ruzafa y que hasta 1877 no pasaría a integrarse en el municipio de València.

El puerto del Palmar ha sido protagonista de la historia de la isla y a través de mis aguas le han llegado todos los barcos importantes de la laguna, como el Ravatxol, que desde el puerto de Catarroja hasta el Perelló pasaba cada día por sus pantalanes moviendo habitantes y mercancías importantes de la época.

Los arroceros traían el arroz en sus capazos hasta el *sequer* de la Trilladora del Tocaio donde separaban la paja del arroz con una máquina que se alimentaba con la propia paja ya separada de ese arroz y que luego se ponía a secar en la explanada delantera del edificio, donde, una vez seco, se almacenaba en un lugar cercano.

En el Portet del Perelló también se esperaba al correo de València, los medicamentos de las boticarias, las noticias y los encargos que los habitantes de la laguna hacían a los barqueros.

Hoy en día, el puerto es un atractivo a nivel turístico y punto de partida de todos aquellos que me quieren ver desde una barca de paseo, de esos *albuferencs* grandes para llevar mucha gente a ver *el lluent*. Incluso también para las parejas que desean pasar una tarde romántica, solos dentro de un pequeño barquito.

Es un punto de encuentro de la cultura vivida en este entorno de cuento donde se pueden encontrar todavía por los canales que recorren el pueblo del Palmar cientos de *barquets* que se utilizan principalmente para la pesca en mis aguas.

Se pueden encontrar cubiertas con esas maderas de protección, con plásticos que tapan las redes que se guardan dentro de las barcas o con las cajas apiladas que se utilizan para llevar el pescado hacia la cofradía de pescadores. Desgraciadamente también podréis encontrar algunas barcas medio hundidas en los canales y casi inservibles para la pesca o el paseo.

Prácticamente todas las barcas ya funcionan con motor de gasoil, aunque todas cuentan con una percha para moverse en los momentos en los que se acercan a los *redolins* a recoger la pesca que ha podido entrar en los *mornells.* Quizá, en un futuro no muy lejano, podamos ver esas mismas barcas moviéndose con motores eléctricos de ruido cero.

Desde este embarcadero, que se sitúa en la carrera de la Reina, en agosto, sale en procesión el Cristo de la Salud en romería con todas las barcas de la laguna que lo acompañan hasta el centro y allí realizan una misa en su honor.

Una característica especial del Palmar es la gastronomía, ya que, con un total de treinta y cinco restaurantes distribuidos por toda la pedanía, todos los visitantes pueden conseguir un lugar donde disfrutar de la cultura de la zona y probar los mejores platos de esa gastronomía que se ha ido creando alrededor de mis aguas.

El arroz y las anguilas, así como el pato y el cangrejo, son los protagonistas de los platos más exquisitos que se pueden degustar en todos y cada uno de estos establecimientos.

Un paseo por este puerto puede resultar espectacular no solo por las barcas, sino por la cantidad de personas interesantes que han pasado por aquí a lo largo de su historia.

El Port de Catarroja

Nunca la sabiduría dice una cosa y la naturaleza otra.
DÉCIMO JUNIO JUVENAL

Amo al *port*.

Parte de mi vida la he compartido con las gentes de Catarroja y ha sido una experiencia única y especial.

El *port* ha sido uno de los accesos principales hacia mí desde el asentamiento de los romanos en Valentia y dedicado exclusivamente a la pesca.

Posteriormente, ya se construyó el puerto definitivo por las necesidades de aumento de la población y de la economía.

Ha sido el puerto que más vida ha tenido en toda la laguna. Se abrieron tascas y tiendas para dar servicio a todos los trabajadores y a los visitantes que se acercaban por aquí.

Se instauraron los calafates que construían la mayor parte *dels barquets* que pasean por mis aguas.

Esta zona creció por los continuos aterramientos y el incremento del cultivo del arroz, y se creó un punto de interés comercial en la época para todos los pueblos cercanos.

El *port* comenzó a utilizarse como punto de salida de las barcas destinadas al trasporte de pasajeros y materiales que comunicaban Catarroja con el resto de los pueblos de la laguna, como el Palmar y el Perelló, que hasta ese momento eran de difícil acceso.

En la actualidad, de las tiendas y las tascas de antaño quedan tres edificaciones de importancia. Dos son restaurantes que se consideran la cuna del *all i pebre*: Casa Baina y La Primitiva, así como otros platos de la gastronomía de la zona. El otro edificio es Casa Sulema, que ha sido reconvertido en museo y presenta la verdadera historia de mi vida y la del puerto.

En estas edificaciones se encuentra la sede de la Asociación de Vela Latina de Catarroja y la Asociación de Vela Latina Els Peixcadors, que se unen a las exhibiciones que se realizan todos los años en el medio de la laguna desde marzo hasta octubre.

Estas asociaciones actúan como escuela de vela enseñando a los más jóvenes los secretos existentes de estas artes tradicionales de la navegación por la Albufera y hacen prácticas en la laguna en barcas de vela.

En la actualidad, unas 200 barcas llenan los amarres del puerto y es, con diferencia, el más numeroso de todos los puertos que me rodean.

Un brazo de aproximadamente tres kilómetros conecta el puerto con la entrada de la laguna, un recorrido espectacular

donde podemos apreciar toda la belleza del lugar. Se llama la Séquia del Port y discurre paralela a la rambla del Poyo hasta el Tancat de la Pipa. Es una de esas cosas de la vida que uno no debe perderse, especialmente en un atardecer. Dar un paseo o pararse a escuchar los sonidos de la naturaleza son placeres que se saborean mejor en un lugar como el puerto.

Existe un paseo muy tranquilo que os lleva paralelo a la Séquia del Port y que acaba en pleno Tancat de la Pipa, una de las dos entradas que hay, porque la otra es un embarcadero frente al motor.

Me siento muy orgullosa de la actividad que hay en el *port,* mucho más centrada en transmitir las tradiciones y enseñar a todos los que se acercan a la cultura de Catarroja y la laguna que se complementa perfectamente con el turismo, donde los paseos en barca desde el *port* a la laguna son la principal atracción.

< Algunas de las edificaciones que quedan en el puerto, como son Casa Baina, la Primitiva y Casa Sulema, así como las asociaciones de vela latina que existen.

El Portet del Perelló

∧ Un puerto pequeño para embarcaciones pero muy interesante con vistas de los arrozales y de los propios canales.

Tengo dos carreras que me llevan hasta el puerto del Perelló: son la de la Junca y la de la Reina. Dos carreras anchas y grandes que desembocan en el Estany de la Plana, un cierto remanso de agua antes de llegar a una de las golas que me comunican con el mar.

Hay un pequeño mirador en uno de los brazos del *estany* que han construido hace poco, hacia el 2011 de vuestros años y se ha realizado una muy buena labor, ya que desde ahí se puede salir en barca y llegar hasta el Palmar o incluso hasta el puerto de Catarroja.

Ese era el viaje que durante muchos años hacía el barco-correo el Ravatxol, que comunicaba estas poblaciones y sus habitantes, sus necesidades, pasajes, medicamentos, correo, alimentos...

Cuando este puerto se dejó de utilizar para las labores del campo y de la pesca a una escala normal y el pueblo se convirtió en un lugar de turismo donde la progresía de Sueca y de València venía a pasar el verano, esta zona del *estany* fue un vertedero incontrolado y descuidado olvidando lo que había sido porque la gente que vino quizá nunca lo conoció.

Sin embargo, es uno de los lugares donde se puede disfrutar de una puesta de sol preciosa, de una paz fuera de lo normal y de unas vistas de la *marjal* que pueden llegar a ser increíbles cuando entramos en el mes de septiembre con el arroz verde o en plena *perellonà* con todos los campos inundados de agua que adopta colores insospechados.

Una bella imagen que hay que ver es la caseta de la Comunidad de Pescadores del Palmar en el *estany* presidiendo una de las imágenes más bonitas de todo lo que soy. Y, cuando este edificio tradicional está rodeado de los *redolins* para pescar a mi alrededor, parece que el tiempo no haya pasado y que todavía estemos viviendo en los grandes años de la pesca aquí en el Perelló.

Es una imagen que perdurará en el tiempo porque yo no pretendo desaparecer, por lo menos a corto plazo, y espero que vosotros me ayudéis a ello con todas vuestras fuerzas y herramientas, especialmente ahora que parece que estamos consiguiendo nuevos aportes del Júcar y que nos van a asegurar ciertas cantidades de agua limpia al mes que nos pueden dar larga vida tanto a mí como a todo lo que me rodea.

AMANECE EN LA GOLA DE PUJOL

Hoy te veo solo. No hay gente que te acompañe. Ayer por la tarde estaba todo lleno, de bote en bote. No hay manera de tener una puesta de sol en silencio, en la que la gente disfrute de lo que está sucediendo, viviendo su experiencia desde dentro de su corazón, descubriendo el sentir de su espíritu y saboreando los colores de mis aguas y del cielo sin hablar.

Ayer, la luna estaba llena. Bueno, ahora es cuando está llena de verdad y tú estas solo. Parece que no formas parte de todo el gentío que me visitó ayer por la tarde. ¿Estás bien? ¿Te pasa algo? No es normal ver a alguien solo venir a admirar la belleza que se produce en los momentos previos al amanecer.

Nadie viene a ver amanecer aquí a la laguna, todos se van a la mar. Una cosa sí que te voy a pedir, te veo hacer fotos y te tomas tu tiempo en hacer una fotografía: ¡sácame guapa!

¡Quiero lucir muy bella con este vestido azul que me pongo cada mañana para la ocasión!

Me gusta mucho que me vean muy bella y muy atractiva a cualquier hora del día o de la noche. Como mujer, sabes que soy muy coqueta y no me gusta que me hagan fotos de aliño en un móvil y me olviden para siempre. Como las fotos con camarones y objetivos espectaculares no hay nada.

Necesito personas que se tomen el tiempo en conseguir las fotos más bonitas y atractivas de cualquier rincón de mi entorno. Así parece que luzca más guapa de lo que estoy. Que se recuerde que mis aguas son transparentes, aunque de eso ahora ya no me quede nada, y disfruten de ver las proezas que la naturaleza ha desarrollado en mí en mis mejores tiempos.

Gracias por acompañarme esta mañana y valorarme así.

¡Enamórate de mí!

Tardes doradas

Los atardeceres son una prueba de que, pase lo que pase,
todos los días pueden terminar maravillosamente.
Kristen Butler

Es ese color dorado pastel de la tarde que provoca una cierta nostalgia.
Os aseguro que no he sentido muchos días así a lo largo de mi vida:
un ambiente extraño que se apropia de ti y te tiene la mente absorbida,
que no puedes hacer nada por cambiar ese ánimo que te tiene abstraída.

Os miro y veo cómo también alucináis en un clima de absoluta calma.
El sonido se disipa, se pierde en el ambiente, te sientes como ensoñada,
respiras, ves ese sol que hoy no luce como siempre y no lo recordabas,
pero te dejas vivir y sentir eso que te provoca ese color de cara dorada.

Escucho el clic de una cámara tratando de pillar el color oro de la tarde.
Veo cómo después de cada imagen en el visor se empeña en mostrarse
para que veas los colores que viven casi de noche con el fin de amarle
y encontrar la fotografía perfecta de una tarde que se siente entrañable.

Siento que la luz cae como en cascada y se convierte en sombras sutiles,
esas sombras que marcan los objetos, las aves que vuelan por carriles,
el sol todavía brilla luminoso y su reflejo respira como en cien eclipses
el universo parece transformarse en un lago y que no dejabas seducirte.

En ese momento creamos lazos emocionales y también sentimentales.
Estos colores cálidos os recuerdan al útero y el bien que os hizo nacer,
sensaciones vinculadas a momentos fantásticos que sentir alguna vez
cuando conectéis con vosotros y con esa esencia que os hace crecer.

Quieres fotografiar lo que vives como un milagro y quieres rememorarlo,
pero un milagro significa que miras con admiración, te asombras de ello.
Ese que mira eres tú, que estás generando tu propia vida para recordarlo.
Eso se llama amor, esa energía que te sacia y te armoniza con el resto.

Si yo desaparezco y ya no puedes venir a admirar los colores de la tarde,
dejarás la posibilidad de ser feliz al perder ese vínculo dependiente.
Has de saber que no necesitas eliminar el vínculo, solo la dependencia,
así vivirás solo de ti y te amarás y sabrás lo que significa lo que uno tiene.

Y con cada fotografía recordaréis la esencia de cada uno de vosotros.
Recordar es pasar, de nuevo, por el corazón, por un sentimiento u otro
sin depender del lugar o de quién apareció para crear la emoción de oro,
sino de lo que cada uno sintió con cada regalo que la vida os dedicó.

212

NOCHES DE LUNA LLENA

En el majestuoso conjunto de la creación, nada hay que me
conmueva tan hondamente, que acaricie mi espíritu y dé vuelo
a mi fantasía como la luz apacible y desmayada de la luna.
GUSTAVO ADOLFO BÉCQUER

Te espero cada noche y siempre me sorprendes
con ese carácter que salpica de brillos mis aguas.
Altiva y hermosa, me dejas una dulce sensación
cuando te veo aparecer embrujando cada noche.

Soy tu agua; tú, mi luz; un juego de gran intimidad.
A solas hablamos y nos miramos casi susurrando,
tanto si apareces creciendo como desapareciendo
y nos contamos lo que vivimos en nuestros sueños.

Algún día no te veo y siento que naces de nuevo
después de hacer el amor en la intimidad con el sol.
En cambio, otras noches, luces totalmente iluminada
porque quiere verte cuando más lejos estas de él.

Aprendí de ti en esos días que tu luz crece despacio,
que es un buen momento para crecer y producir
y los días en que te acercas temblorosa al sol
son los mejores momentos para menguar y soltar.

Me vas marcando los ritmos con tu baile discreto,
y mis aguas siguen tus pasos escuchando la música,
moviéndose y balanceándose con cada ciclo tuyo
que me ayuda a recordar el fluir de mi universo.

Noches de luna llena que embrujan mis aguas,
en las que solo puedo reflejar comprendiendo tu magia,
en esos silencios nocturnos, de brillo inmenso,
hacen que el amor que siento llegue al amanecer.

Los hombres te han puesto nombre si luces entera,
como si quisieran que formaras parte de la tierra
siendo la luna de lobo, azul, rosa o también de fresa
incluso luna roja, de esturión, de castor o de cosecha.

A mí me gustas mucho cuando te llaman la roja
porque es en ese momento que os doy la mano
y no os veo a ninguno de los dos en un periodo
pero os siento vibrar cuando yo estoy en medio.

Me lo permito unos instantes cada cierto tiempo
por la envidia que siento cuando te veo tapar el sol,
aunque es cierto que esto nunca pasa de noche
y el amor que siento siempre me deja extraña.

Estoy segura de que entre tus propiedades escondes
tal cantidad de agua que vibras a mi son y respondes
en voz baja y casi susurrando cada vez que te invoco
y te ves reflejada cual diosa dentro de mis aguas.

Pareces muy clara y uniforme desde aquí abajo,
sin embargo, cuando me fijo bien, veo resquebrajos,
cicatrices ocultas de asteroides en descuajo
o volcanes enfadados que vejaron tus bajos.

Un verdadero color que define tu composición,
oxígeno, silicio, magnesio, calcio o aluminio,
colores dominantes y variantes de visión
que te hacen bella a través de tu personalización.

Para que brilles en mis aposentos como una diosa,
para que me llenes solo con tu presencia curiosa,
poder reflejarte y darte un fuerte abrazo de osa
y dejar de verte y mirarte como una gran envidiosa.

¡Mira esa luna tan bella! Que te invita al amor,
descubre tu magia y te enseña tus emociones.
Con ella crecerás y brillarás en cada ciclo de vida,
menguarás y decrecerás y ahí estará ella… y yo.

216

La Albufera de Valencia

Coordenadas: 39°17′45″Norte 0°20′00″Oeste

Fecha: Jueves 8 de Noviembre de 1979

A las 15 horas 15 minutos

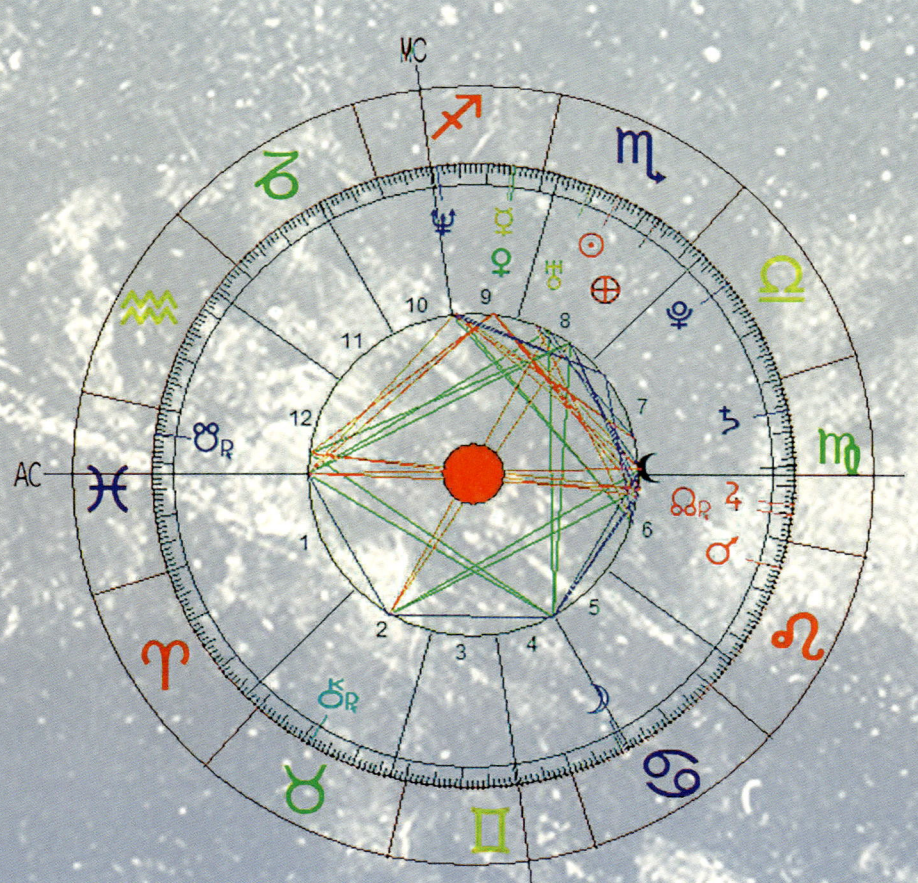

LAS ESTRELLAS ME HABLAN

La astrología es una ciencia en sí misma y contiene un cuerpo de conocimiento esclarecedor. Me ha enseñado cosas y estoy en deuda con ella. La evidencia geofísica revela el poder de las estrellas y los planetas en relación con lo terrestre. A su vez, la astrología refuerza en cierta medida este poder. Por eso la astrología es como un elixir vital para la humanidad.
ALBERT EINSTEIN

Cuando sentí que Gracia entraba en mis aguas, en aquella barca, con esa puesta de sol tan increíble, rápidamente comprendí que existía la posibilidad de corroborar todo aquello que había sentido desde siempre.

Ella, ante mis peticiones de poder tener una aproximación de mi carta natal, me explicó que le podemos hacer una carta astral a cualquier persona, evento o creación humana; ya que tenemos una fecha, una hora y un lugar como punto de partida, pero que no es tan fácil para un paraje del que solo tenemos unas coordenadas geográficas y que se formó hace millones de años. Quizá se podía hacer un trabajo a la inversa, buscando un momento que represente las cualidades arquetípicas de este lugar único, la Albufera de València.

Y Gracia volvió un tiempo después y me explicó...

En astrología clásica, los lugares de agua dulce que no están en movimiento, como lagos, lagunas, remansos, pantanos, manglares..., son regidos por el signo de Escorpio, eso me lleva a buscar un día en el que el Sol (representante de las cualidades básicas de un lugar) esté en este signo.

Las grandes masas de agua salada pertenecen a Piscis, el Mediterráneo está a pocos metros de la Albufera, al este.

El ascendente representa la naturaleza íntima y oculta del ser. En este caso corresponde al lazo no visible que vincula a la Albufera con el mar, las compuertas. Por esta razón, la hora elegida para la carta astral tenía que ser aquella en la que Piscis ascendiera por el horizonte este.

El agua dulce potable que mantiene el curso de la vida para toda la naturaleza está regida por el signo de Cáncer: fuentes, ríos, nacimientos... Su regente y gobernadora es la Luna, esto era lo difícil: encontrar un Sol en Escorpio con la Luna en Cáncer. La clave era el año.

El año 1979 fue el momento en el que se detuvo toda la escalada de urbanización y se pasó a un concepto de conservación y protección de la Albufera.

Se podría decir que el ser humano sintió la necesidad de proteger este lugar, paradigma de la diosa madre protectora y que nutre.

El 8 de noviembre de 1979 a las tres y cuarto de la tarde se produce «la magia» manifestándose en el cielo y en la tierra la diosa de las aguas primordiales con un gran trígono de agua formado por el Sol en Escorpio, la Luna en Cáncer y el ascendente en Piscis.

Neptuno o Poseidón, el dios del mar y señor de las aguas, versión masculina de este arquetipo, contiene la naturaleza extraordinariamente empática y filosófica de la humanidad, estaba en el medio cielo actuando de maestro de ceremonias en este nacimiento.

En astrología se podría decir que esta posición garantiza que la naturaleza y la humanidad protegen a la Albufera. En otras palabras, Neptuno, en esta carta, hace de padre protector de las aguas. Este evento astrológico se produce una vez cada 165 años, más o menos.

Además, la conjunción Mercurio-Venus, en la casa nueve, pone en evidencia que es fuente de inspiración y lugar de fusión entre los intereses humanos y las poderosas fuerzas de la naturaleza. Apreciable en esos momentos, de caída del Sol dorado del otoño mediterráneo, que en el espejo de las aguas se cuelan en el alma y enamoran, envuelven, elevan,...

Y Gracia concluyó que con todos estos datos tenía una carta digna de la diosa de las aguas representada por un gran trígono de agua en el que se fusionan las tres naturalezas acuáticas y arquetípicas de la mitología mediterránea manifestada en la diosa Tetis.

Tetis madre, abuela, tía de dioses, también conocida como Talasa, Tesis..., es la diosa de la creación, del agua primordial que da lugar a la vida. Hija de titanes, es la versión femenina de estos, vinculada por los griegos al Mediterráneo y al momento de la creación, la versión primitiva de la diosa de las aguas, presentes en el nacimiento de toda vida.

Y Gracia me dijo que había sido una aventura inesperada buscar y encontrar a la diosa entre las estrellas. Gracias, Gracia, por tanta generosidad en tu implicación conmigo en esta, como tú la llamas, aventura eterna.

El arroz

LAS ESPIGAS DORADAS

Una espiga de arroz,
cuanto más madura
baja la cabeza.
HAIKU JAPONÉS

Surgen del fango gris y amarronado de los campos que me acompañan,
de los restos de las viejas cosechas que se mezclan con la tierra apagada,
del agua dormida en el suelo que lo protege y lo limpia de hierbas malas
y del sol caliente que con sus rayos aviva el proceso con las mejores galas.

Un proceso de alquimia a la antigua cuando el plomo se convertía en oro,
un juego singular entre la tierra, el sol y el agua oyendo un viento sonoro,
donde unas semillas se depositan en la tierra atravesando el agua a chorro
y se transforman en las espigas doradas de un arroz que es todo un logro.

Un verdadero milagro que produce la naturaleza en mis propias entrañas,
en lo que dura una vuelta al sol y sin hacer casi nada más que acompañar,
solo observar el camino del que vale la pena aprender de estas hazañas,
que desarrolla la vida y que comparte con todos nosotros cada campaña.

Con vuestro conocimiento, con el trabajo y la sabiduría de vuestras manos,
compartís y generáis la vida para todos los que aquí vivimos algunos años,
favorecéis la magia que os da riqueza prosperidad y vitalidad para todos
a través de aquello que recogéis al final del proceso y que todos amamos.

Ese arroz que alimenta estómagos y bolsillos os permite vivir cada día mejor,
lo almacenáis según los ciclos y lo convertís en cultura, tradición y emoción
le dais un sentimiento en la gastronomía que tiene que ver con vuestra pasión
y con lo más top de vuestra sociedad una cultura de imprescindible visión.

EL ARROZ ECOLÓGICO VA A MÁS

Ya se ha realizado algún cultivo de arroz ecológico en nuestro entorno. Este tipo de arroz tiene algunos inconvenientes de producción en cuanto a los costes y a las subvenciones públicas para ayudas en el cultivo, que, en muchas ocasiones, dificultan dar el paso al cambio en el tipo de agricultura que queréis hacer en un futuro.

Este tipo de cultivo prescinde del uso de productos químicos de síntesis y requiere de una ubicación específica dentro del parque natural, así como de unas labores manuales continuas durante el crecimiento de la planta.

De momento, suelen ser cosechas limitadas por sus particularidades de seguimiento y procesos de todo el ciclo de este arroz.

También se obtiene el sello de la denominación de origen Arroz de València y un sello de producto natural que ayuda a la comercialización de dichos productos en cualquier tienda de selección o *gourmet*, así como en los restaurantes de calidad de cualquier lugar del mundo.

Estoy completamente segura que el cultivo de este tipo de arroz os va a beneficiar a todos los que vivís y trabajáis en el entorno de este parque natural, ayudaréis al medio ambiente y crearéis conciencia, cada vez en más gente, de que cuidar a quien te cuida siempre es lo mejor.

En la actualidad, la cosecha es muy limitada por lo que os he comentado sobre las condiciones de producción. A ello habría que sumar los controles tan rigurosos que existen en todo el proceso de producción, ya que se necesita demostrar el no uso de herbicidas y que se eliminan las malas hierbas a mano, una a una, regando únicamente con el agua limpia del río Júcar.

Es un producto muy especial para aquellos que sepáis apreciar el esfuerzo que supone dar este paso de calidad.

J. SENDRA Y OTRAS VARIEDADES

Dicen que el arroz que mejor absorbe los sabores de cualquier alimento se cultiva aquí, en los arrozales de los *ancats*, y es el de la variedad que llamáis J. Sendra. Es cierto que está dentro de la variedad sénia y que comparte muchas de sus características, pero el J. Sendra es un arroz redondo donde todos los granos son uniformes para garantizar una cocción perfecta y espectacular.

Juan Sendra fue un ingeniero agrónomo que trabajó en el Instituto Valenciano de Investigación Agraria. Su muerte coincidió con el registro de una nueva variedad de arroz. Ramón Carreres, que era su jefe en la estación arrocera de Sueca, decidió poner su nombre a dicha variedad como reconocimiento a ese trabajo de investigación.

El arroz J. Sendra se ha hecho muy popular porque ofrece un rendimiento excelente y su recogida tardía ayuda a no solapar variedades. Este hecho se tiene muy en cuenta porque mejora la estrategia de la recogida del propio arroz.

También tenéis la variedad albufera, un arroz de grano corto, perlado y cristalino, resultado de los cruces entre las variedades de bomba y de sénia. Es la variedad más joven y moderna y cada vez va ganando enteros, especialmente para la confección de los arroces melosos.

Este arroz es de los preferidos por los restaurantes de todo el Palmar junto a la variedad bomba, cuyo comportamiento, a pesar de su antigüedad, es excelente en cuanto a la resistencia a la cocción. Quizá esta variedad sea la que mayor prestigio tiene en el mundo del arroz, ya que se cultiva con técnicas artesanales que aseguran una calidad y pureza excelentes muy apreciadas por todos los expertos.

Dentro de la variedad sénia, en la cual se encuentra el J. Sendra, también encontramos la variedad gleva y la bahía. La característica de esta variedad es su espectacular absorción de todos los sabores de los productos que se introducen en cualquier receta de arroz.

Tancats

Como el suelo, por rico que sea, no puede dar fruto s no se cultiva, la mente sin cultivo tampoco puede producir.
SÉNECA

El arroz que se produce en mi entorno tiene dos tipos de arrozales. Por una parte, tenemos los campos que están por debajo de la cota máxima de desecación de la Albufera, que tienen dos periodos de inundación al año y, por otro, los que están por encima de dicha cota, que solo tienen un periodo de inundación en el ciclo.

Los *tancats* son terrenos ganados a la laguna en los últimos periodos de desecación y están por debajo del nivel de la Albufera. Esto supone que tienen unas separaciones, a modo de diques, que aquí les llamáis *motas*, para que no se llenen de agua.

El agua entra en los *tancats* por acción de la gravedad, y la evacuación, cuando es necesaria, se realiza por bombeo, creando una especie de circuito cerrado que va alimentando al propio *tancat* en función de cada época de cultivo del arroz, por lo que es muy importante que esas *motas* que se realizan en cada uno de esos *tancats* estén hechas a conciencia para no permitir la salida del agua hacia la laguna.

De alguna manera, las lindes de los campos se realizaron por parte de personas allegadas al poder que decidían, en cada momento, cómo y dónde marcar los nuevos campos y, a partir de ahí, se comenzaban a aterrar y a construir las motas para aislar las parcelas. El agua se bombeaba con las máquinas a vapor de entonces.

Había mucha escasez y el arroz era muy rentable. Se conseguían las licencias en los ayuntamientos, se marcaban las propiedades y se escrituraban. Luego ya venía el trabajo, ya comentado, de enterrar y de hacer las motas, así como levantar un poco el terreno para hacerlo más cultivable.

Esto duró hasta que se prohibieron los aterramientos, hace relativamente poco. Como le oí a una persona... «porque, si no se llegan a prohibir, hoy ya casi no quedaría nada de Albufera».

Generalmente, se hacían coincidir con las matas o islas de cañas que, previa construcción de unos cierres perimetrales, se aislaban y se desecaban gracias a los motores de vapor de entonces.

Donde era necesario se añadía tierra sacada con barcazas a mano de la propia laguna, cosa que era bastante normal.

Son arrozales construidos sobre mis propios fondos. Disponen de un volumen de agua directa y controlada, distintos al resto de los campos, que solo tienen un periodo de inundación. Es a raíz de estos *tancats* cuando surge toda la cultura y el cultivo del arroz, todo un trabajo que mezcla vuestra necesidad y vuestra inteligencia.

Estos espacios, con sus sistemas de riego y tratamiento de todo el proceso del cultivo, recogida y limpieza de estos

^ Un tancat donde se ve perfectamente la pared que forma la mota para que el agua no se salga. Tiene su correspondiente motor que es el que mete y saca agua del propio cerramiento. En este momento está esperando llenarse de agua y poder empezar a sembrar.

231

campos, muestran exactamente el ciclo de vida del cultivo del arroz, desde donde surge toda la economía de este parque natural.

La tradicional suelta de agua en *els tancats* de la Albufera es el paso previo a la siembra de la nueva cosecha del arroz y el inicio de todo el proceso. Una semana antes, los campos han sido abonados y removidos para que la tierra esté en las mejores condiciones para la siembra.

Se inundan los campos de arroz con aproximadamente diez centímetros de agua para que la tierra se humedezca y mantenga el calor, lo que permitirá que las semillas plantadas germinen rápidamente.

A partir de ese momento, la cantidad de agua siempre tiene que tener corriente para que las semillas de arroz recién plantadas no se pudran, y para ello están los motores de toda la laguna de la Albufera y las acequias, que, abriéndose y cerrándose, consiguen mantener ese nivel constante que se necesita.

La superficie que ocupan estos campos es el doble de mi dimensión actual, aproximadamente, y sería la tercera parte de la totalidad del arrozal que existe en el entorno.

Entender su funcionamiento es comprender un estilo de vida alrededor del cultivo del arroz y del agua de la Albufera. Una simbiosis que hace que, en la actualidad, nos necesitemos perfectamente.

En la actualidad, contáis con un mapa toponímico de todos los *tancats* que existen en el parque y que constituye un hito en la consecución de información por la calidad en su realización. Este plano se puede encontrar en la página web de la Generalitat Valenciana.

> Fotografía en una tarde del mes de febrero de 2021 en la que había llegado polvo del Sahara en suspensión y había dejando en el ambiente estos colores amarronados y dorados difuminados.

Motores y motoristas

De todos los oficios lucrativos, ninguno mejor, n más
productivo, ni más agradable, ni más digno de un hombre
libre que la agricultura.
Cicerón

Y me empezaron a aterrar. Me estaban haciendo pequeña.
Parte de mi lustre y visibilidad comenzaba a drenar. Es duro
reconocerlo, pero no me hizo ninguna gracia perder espacio
en favor de los campos de labor.

Menos mal que alguien paró este proceso y os prohibió seguir
atacando mi integridad, dejándome como estoy en la actualidad. Si no, sería difícil saber lo que hubiera sucedido conmigo
si alguien no llega a parar ese proceso de ate rramientos.

A todos esos campos que se ganaron aterrándome los llamáis
tancats y son cerramientos, totalmente aislados de la laguna,
a través de elevaciones del terreno que llamáis *motas*, porque
el nivel de estos campos es inferior al nivel de mis aguas.

Construisteis un sistema de acequias laberíntico para poder
regar y drenar el agua de los campos, ya que para llenarlos se
encargaba la gravedad al estar la laguna más alta.

Os hicieron falta sistemas mecánicos para drenar el agua de
los campos y devolvérmela cuando ya no era necesaria, y para
ello llenasteis los campos de unas norias que llamabais *sé-
nies*, una máquina que consistía en dos grandes ruedas en-
granadas, una horizontal movida por un an mal y otra que gi-
raba verticalmente y que estaba provista de unos recipientes
que recogían y sacaban el agua.

Cuando llegaron los primeros motores de vapor, se sustitu-
yeron los animales y se construyeron las casetas con las chi-
meneas actuales para la salida del vapor. Es de suponer que
fueron las primeras máquinas de vapor de este país.

Hoy en día, los motores son eléctricos y con una tecnología
superior gracias a la cual prácticamente se podrían encender
y apagar desde cualquier lugar sin necesidad de estar en el
motor, con lo que supone esto y las facilidades que genera.

La figura del motorista nace en el momento en el que llegan
los motores de vapor, aunque yo ya conocía a las personas
que se encargaban de esa antigua noria y cuya dedicación era
mantener los campos en los niveles de agua adecuados para
cada momento del cultivo del arroz.

Los 103 *tancats* que se conocen tienen un total de 74 motores,
aunque no todos ellos tienen asignado un motorista, ya que
los costes que soportan los agricultores no permiten estipen-
dios para personas dedicadas a esta tarea alrededor de nueve
meses al año.

El trabajo de los motoristas es fundamental para sostener el
cultivo del arroz, así como para cuidar los caminos, las acequias y las motas de los campos. El agua siempre tiene que
estar muy controlada y nunca puede estar estancada.

< Motor de Malta dentro del *tancat* del mismo
nombre. Se aprecia el conjunto de viviendas que
existen alrededor y que en su día estuvieron habi-
tadas. En la actualidad, no vive nadie, pero el motor
sigue funcionando para mover el agua hacia los
tancats cercanos. Esta es la zona que llaman «de
las antenas» donde antiguamente existía una estación de onda media de RTVE que ya no funciona.

En los primeros días de cultivo del arroz, los motoristas son fundamentales para que la cosecha llegue a buen fin, ya que tienen que mantener de forma constante una fina capa de agua en movimiento, necesaria para la explosión de la planta.

Es importantísimo que las bombas de los motores funcionen a la perfección para evitar inundaciones o situaciones que acabarían con las cosechas ante cualquier descuido.

Desde siempre he conocido que los motoristas vivían con sus familias en esas edificaciones llamadas *motores*, ya que durante nueve meses al año su labor era fundamental y diaria.

Ver *in situ* cómo están las cosas es muy importante. No puedes ir un rato y olvidarte porque igual cambia la situación al momento siguiente.

En algunos *tancats*, con varios propietarios, tenían también un regador aparte del motorista.

«El oficio de motorista no se enseña en ninguna academia —suele decir Paco Palau, motorista del Tancat de l'Estell desde hace ya veinticinco años—. El oficio se aprende en el día a día, en cada uno de los nueve meses que dura la cosecha y la inundación de la *perellonà*.

»El trabajo no es fácil porque, cuando hay varios propietarios, es difícil mantener un equilibrio elegante con todos y cada uno de ellos.

»Cuando uno quiere más agua, el otro necesita menos, y así continuamente cada uno mira por sus propios intereses. Lo cierto es que, hasta ahora, la convivencia de propietarios y

< Motor de Manotes en plena *perellonà* dentro del Tancat Séquia Nova. Un motor que impresiona por su chimenea recortada pero muy bien conservada que hace un juego increíble con la totalidad de la construcción.

motoristas ha estado en el filo de una navaja, en una tensión constate que se soluciona haciendo cada uno bien su trabajo y no echando la culpa al empedrado cuando las cosas no son como se esperan».

La verdad es que luego cada uno es responsable de sus propias cosechas y de su comercialización, y solo el motor y la obra civil la tienen en común los propietarios del *tancat*.

Ser motorista es una profesión con sus dificultades, especialmente por su temporalidad y por sus características de dedicación absoluta en plena temporada.

Yo solo tengo agradecimiento para ellos porque en muchas ocasiones mis niveles dependen de lo que estén haciendo y de sus propias decisiones. Somos un equipo que no puede disociarse en ningún caso. Somos seres vivos que habitamos en un mismo entorno y que no podemos trabajar por separado.

Sentirme y sentirlos es el secreto de que todo esté en equilibrio entre la laguna y los arrozales, para que todo siga funcionando como tiene que ser.

Y como a Paco Palau hay que agradecer a muchos motoristas que están al pie del cañón constantemente, como son Daniel; Paco; Pepe Guillem; Alfredo; Vicent; José; Toni Perucha; Javi; Joan Babau; Paco, *el Xufero*; Pepe; Andres; Vicent, *el Colilla*; Miguel Asins; Quique; y otros que se me olvidan.

Todos realizan un trabajo cuyo desconocimiento, en ocasiones generalizado, no hace que su importancia se minimice.

ELS MOTORISTES DE L'ALBUFERA

Estos últimos años ha estado visitándome, casi cada día, un fotógrafo joven y guapo que se hacía llamar Albert Martínez.

Ha hecho un proyecto sobre los motoristas de l'Albufera desde un concepto real, como una profesión olvidada, y ha retratado a todos los profesionales de este tan necesario sector en un trabajo espectacular.

Llega un momento que te implicas tanto con un proyecto, con un lugar, con unos seres vivos y la naturaleza como pieza principal, que al cabo del tiempo, estamos todos desmarcándonos de los iconos y de lo básico de los entornos para profundizar en el sentido esencial de cada lugar. Captas tanto la esencia que de ahí solo puede surgir la belleza de la vida.

Albert ha entendido perfectamente lo que es un trabajo hecho desde el corazón. Aparecéis con vuestro intelecto y queréis hacer una crítica a todo lo que está sucediendo. Me veis y os veis a vosotros en una espiral de catastrofismo que nos lleva a la desaparición de todos a medio plazo motivada por la prisa, el despilfarro, el consumo, etc.

Y volvéis a los orígenes. Cuando me conocéis y sentís la historia de todos los que han pasado por aquí, de todos los que han dejado sus vidas en estas tierras y en estas aguas, lo que sentís es la necesidad de darme a conocer a todos los que vivís cerca de mí y que me desconocéis por el poco tiempo que dedicáis a venir a verme, aunque solo tengáis un pequeño momento para hacerlo.

Quizá os quedáis en la superficie de la vida y no profundizáis en las verdaderas historias de todos y cada uno de los seres que habitamos en esta tierra. Cada uno de los que habéis venido a verme me ha contado su historia y con todas me he emocionado, al veros tan bellos y tan humanos.

Y eso es una gran lección que todos deberíais aprender, a no quedaros en la superficie y tratar de entender por qué o para qué cada uno hace las cosas de cierta manera, porque seguro que lo está intentando hacer lo mejor que puede y sabe.

Gracias, Albert, tu trabajo es digno de ser admirado y disfrutado.

Preparando la tierra

No heredamos la tierra de nuestros antepasados.
La legamos a nuestros hijos.
Antoine de Saint-Exupery

La tierra de los campos se siente seca y marchita. Ha pasado mucho tiempo desde que el *fangueo* mezcló la paja sobrante de los matojos con el fango de los campos y se dejaron descansar, esperando las lluvias de la primavera antes de su preparación para la siembra de las semillas del arroz

Este ha sido un año de importantes y dilatadas lluvias en toda la estación, por lo que los agricultores, algo nerviosos por la tardanza en secar los campos para poderlos arar y preparar para la siembra, ya estaban estos días con el movimiento propio de un comienzo de ciclo ilusionante.

A los tractores los he visto trabajar a pleno rendimiento durante la última quincena y han aprovechado todo el esfuerzo para remover bien la tierra de todos los campos y *tancats*, nivelándolos para que el agua pueda tener un comportamiento uniforme.

De esa tierra apelmazada, dura y agrietada, profunda y seca, brotará algo que sirve para alimentar a todos. Es un proceso extraordinario, casi un verdadero milagro.

A la vez que se aran los campos, se fertiliza y abona de manera profunda la tierra para darle fuerza y que pueda dar albergar la totalidad de las semillas que se van a depositar en el campo.

Una vez se ha realizado este proceso de preparación, los campos se inundan, según las posibilidades de cada una de las zonas y de la cantidad de motores que se pongan a funcionar, para el riego y el movimiento del agua.

Recuerdo que, antiguamente, realizabais la siembra en semilleros a final del invierno y, después de dos meses, se trasplantaban todas las garbas en los campos, no como hacéis hoy en día, que tiráis las semillas directamente al campo inundado. Previamente, las depositáis en sacos en alguna acequia durante veinticuatro o cuarenta y ocho horas aproximadamente antes de, mediante un proceso mecánico, proceder a su siembra.

Cuando las semillas están embebidas, pesan y se hunden en el agua, depositándose en la tierra y germinando muy rápidamente debido al calor que se disfruta en estos días de pleno mes de junio. Si hace mucho calor, las semillas crecen a una velocidad vertiginosa y aceleran todo el proceso a pesar de haber comenzado algunos días más tarde de lo que estáis acostumbrados.

La maquinaria para realizar la siembra es una especie de tractor de ruedas finas con una tolva incorporada donde sitúan las semillas, que van cayendo a una especie de aspas que giran y las distribuyen centrifugándolas. Es espectacular la precisión que tiene a la hora de la distribución en el campo.

También se puede sembrar a mano, tal y como se hacía antaño, aunque ahora esta forma es muy residual.

A LOS POCOS DÍAS, EL MILAGRO

Y así fue.

Con este calor, con el agua corriendo por los campos, y las semillas sembradas hace unos pocos días, empiezan a verse las pequeñas hebras que asoman por encima del agua.

Es el pequeño milagro que podéis ver cada año en los campos de arroz del parque. Cada año, sin faltar ninguno, la tierra, el sol, el agua y el viento hacen que una semilla pueda desarrollar el código genético que tiene grabado y se convierta, dentro de un tiempo pequeño, en una espiga dorada de granos de arroz.

Un pequeño milagro que es como el arte en vosotros: surge del interior y se expresa hacia fuera con toda la belleza de la creatividad, del conocimiento y de la vida; una forma de saber que, por encima de vosotros, sin saber muy bien por qué, cada año se revalidan vuestras peticiones y la naturaleza trabaja para daros unas buenas cosechas de cereal.

Luego está vuestro esfuerzo, vuestra dedicación y vuestras ganas de querer trabajar los campos y la tierra para que todo surja como la naturaleza tiene planeado y siempre ha hecho.

He visto muchos trabajadores incansables, familias enteras dedicadas al cultivo del arroz durante años, pero ahora tengo que reconocer que las facilidades y las comodidades de las que os ha permitido disfrutar la tecnología hacen que podáis dedicar tiempo a otras labores muy interesantes y que forman parte de vuestra evolución en su conjunto, como poder hacer de este parque un lugar espectacular por su belleza, por los alimentos que se producen, ecológicos, que potencian vuestra salud y especialmente la mía.

En la actualidad, tenéis las herramientas para recuperar todo lo perdido y tratar de volver a buscar la transparencia de mis aguas y de todas las aguas del mundo, incluidas las de vuestro cuerpo. Con la transparencia, la naturaleza está diciendo que todo está bien.

La bromera

En la naturaleza nada es perfecto y todo es perfecto.
Los árboles pueden estar torcidos, curvados de manera
extravagante, pero de cualquier modo ser bellísimos.
ALICE WALKER

Cuando ayer os vi aparecer por los campos de arroz, me dio una alegría inmensa. Hacía días que no os veía por aquí y no quería que os perdierais el momento en el que los campos de arroz se inundan de agua para poder hacer la siembra de las semillas en las mejores condiciones y así comenzar, de nuevo, el ciclo del arroz.

Es cierto que las lluvias de abril y de mayo han retrasado el trabajo de adecuación de los campos para recibir las semillas del arroz y no se han podido arreglar hasta bien pasada la segunda quincena de mayo. Es ahora, a primeros de junio, cuando se empiezan a inundar de un agua viva, limpia, que corre por ellos para mantener la vida de las semillas que se van a plantar en estos momentos.

Pero no solo yo, miles de aves estaban esperando este momento para poder realizar su nidificación, ya que de esta inundación y del crecimiento del arroz depende la reproducción de garzas, limícolas, fumareles, chorlitejos, cigüeñuelas o moritos. Esto acarrea un notable riesgo al precipitarse muy pronto el calor antes de que los pollos se hayan desarrollado en las mejores condiciones para sobrevivir por su cuenta.

Ver correr el agua por las acequias, que se abren a pleno pulmón, es un espectáculo de alegría y vibración, se cierran las golas y el agua se mueve a través de cada canal y de cada acequia manteniendo un movimiento vivo y sinuoso que permite tener una mínima cantidad de agua corriendo por los campos. Esta agua no permite crecer las malas hierbas que competirían por los nutrientes, la luz y el espacio.

Muchos peces llegan a los campos de arroz para el apareamiento y el posterior desove, que se beneficiará de la protección de las plantas de arroz que vayan creciendo, y que a la vez serán alimento para muchas aves de la zona que están ávidas de alimento sabroso.

Y en estos días, se produce un hecho que me maravilla y es la *bromera*, como le llamáis por aquí. Es un juego de los elementos que provoca una espuma en los campos de arroz que se apoya en las orillas de las motas de los campos o cerca de las acequias.

Sopla un viento suave, el *llebeig*, que mueve el agua de los campos que está circulando. La tierra mojada acariciada por el agua y todo aderezado por el calor del sol produce esa especie de espuma que, en general, a la gente no os gusta, pero que es el resultado de una combinación de elementos fantástica que se dan en mi entorno y en un momento muy particular de la primavera. Es como un juego de juventud.

Nada que ver con esas acumulaciones de basura que, en ocasiones, podéis ver al lado de las acequias o de los canales, que es fruto de otro tipo de actuaciones, pero no de un baile de elementales jugando por la tierra.

Los motores y los motoristas están a pleno rendimiento. En esta época, tienen que controlar perfectamente mis niveles en cada campo y asegurarse que los ciclos y los tránsitos se producen a su debido tiempo y en su forma más correcta y eficaz para la planta.

Es cierto que todos no podéis ver la belleza en cada imagen, que puede llegar a ser desagradable por sus formas y texturas, pero el proceso de creación por sí mismo tiene tanto valor y es tan increíble que el resultado nos debería permitir

extraer la esencia y la belleza de esta alquimia que es la formación de esta *bromera* en los campos de arroz.

Aquí os dejo un pequeño ejercicio de subjetividad donde alguien ha podido ver esa espuma como juegos de colores y texturas, entremezclando la mirada y la imaginación para concluir en unas imágenes con un cierto toque abstracto que, en multitud de ocasiones, no se sabrá lo que es.

El juego consiste en poder contar una historia con cada una de estas imágenes, imaginaciones o creaciones, de alguien que ha sido capaz de verme de otra manera, de sentirme desde su locura o sensatez y de compartirlas conmigo para que yo también aprenda a veros de otra manera; un juego exquisito que solo tiene que ver con vuestra creatividad.

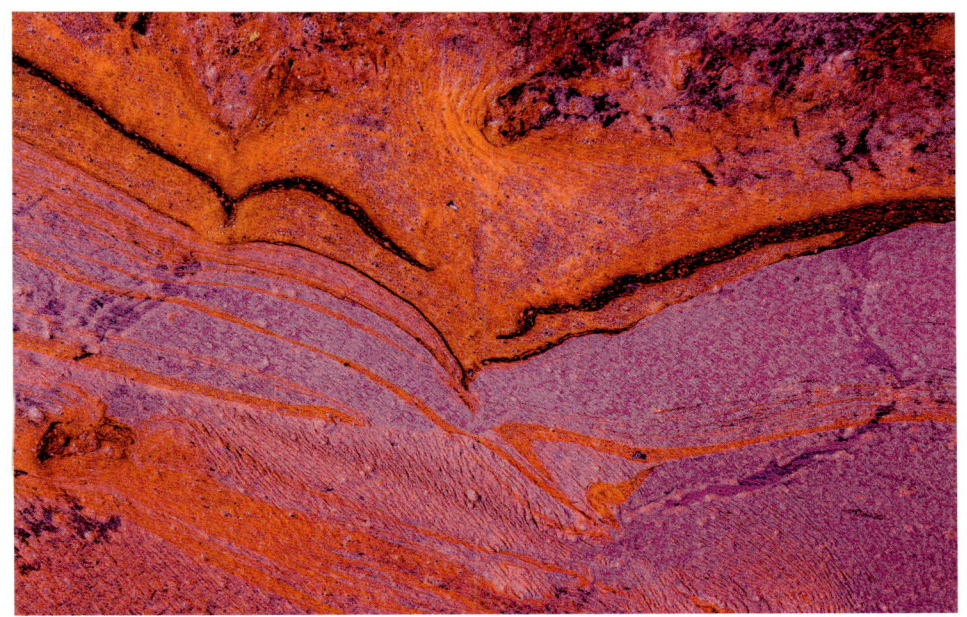

La *PERELLONÀ*

Toda el agua que habrá jamás, la tenemos ahora mismo.
NATIONAL GEOGRAPHIC

Ocurre desde noviembre hasta enero, aproximadamente, y es uno de los espectáculos que no debéis perderos si estáis cerca de mí en algún momento de este tiempo de invierno.

Al poco de recoger el arroz, se inundan los campos de nuevo para poder limpiar las malas hierbas y reblandecer la tierra y la paja que ha quedado en los campos después de la siega.

Se cierran las compuertas de todas las golas y va subiendo el nivel del agua hasta que recupero parte de mi gran esplendor de antaño.

Caminos, campos, márgenes y acequias quedan inundados por esa agua y la mayor parte son inaccesibles hasta el momento de *l'aixugà*, cuando se abren de nuevo las compuertas para ir vaciando los campos.

Durante esta *perellonà*, acuden muchas especies animales a mi alrededor como son los patos, los cormoranes, las garzas, los flamencos, etc., por contar algunas de tantas aves que residen en este hotel de cinco estrellas durante la temporada, ya que cuentan con un espacio protegido, la comida que necesitan y el descanso que precisan.

Es en esta época cuando se desarrolla la temporada de caza. Los cazadores ocupan sus espacios destinados en los *tan-cats* para que puedan disparar desde fuera del lago y a los que se les acerca en los *barquets* hasta esos puestos.

Durante el mes de enero se vuelven a abrir las compuertas y se van secando los campos que durante dos meses han estado inundados, alimentándose de los nutrientes del agua limpia que les ha llegado.

A partir de ese momento comienza el *fangueo*, al que le dedicamos un pequeño capítulo, porque es un espectáculo en sí mismo no por la tradicional manera de realizarlo, aunque se haga con los tractores de ruedas de gavias, sino por la cantidad de aves que se agolpan a mi alrededor en el momento en que uno de los campos se empieza a remover.

Es una de las épocas más increíbles para poder pasar unos días visitando el parque natural, máxime cuando la cantidad de aves es la más alta.

Se pueden apreciar las increíbles transformaciones de unos espacios que son únicos y que ofrecen a todo aquel que sepa mirar lecciones de vida para poder llevarse a su día a día, lecciones que dan los elementos que se juntan en el proceso, el agua, el aire, el fuego del sol y la tierra que se recupera, todo bien manejado y gestionado por las manos de los seres humanos que aquí vivís y convivís.

Las puestas del sol reflejadas en mis aguas son las más bonitas que has podido ver en ningún lugar en pleno invierno.

Puedes jugar a verlo en cada campo y disfrutar de los miles de combinaciones de reflejos del cielo en el agua. Van cambiando a medida que el sol camina y pinta las nubes de colores diferentes e, incluso, puedes cambiar la posición para disfrutar de nuevos puntos de vista.

Ahondando más en estos reflejos, y aprovechando los días tranquilos y claros del invierno en este paraje, podéis disfrutar de los reflejos más increíbles, en los *tancats*, que hayáis visto jamás. Y no es una puesta, sino son las casas, las aves, los campos o las propias nubes las que dibujan la vida.

∧ Fotografías realizadas en algunos de los *tancats* del término municipal de Sollana, donde los reflejos en las tardes de invierno son tan impresionantes que os podríais quedar toda una vida admirando tanta belleza y tanta armonía en el ambiente.

∨ Fotografía de la isla del Palmar en los momentos de la *perellonà*, donde se pueden ver los campos inundados rodeando toda la población. Al fondo podemos ver la sierra de Corbera y las montañas de Cullera, un espectáculo en sí mismo donde se junta el cielo con la tierra.

La *fanguejà*

Las aves son indicadores del medio ambiente. Si están en peligro, sabremos que nosotros estaremos pronto en peligro.
ROGER TORY PETERSON

Las aguas se retiran después de la *perellonà* de noviembre y los campos quedarán prácticamente secos.

Antes de ese momento, comienza el acondicionamiento de los campos para la siembra del arroz, que se realizará a partir del mes de marzo y que llegará hasta final de mayo o principios de junio aproximadamente.

Es el momento de disfrutar del espectáculo único de las aves, de sus vuelos y sus cantos.

Mientras los tractores, con sus ruedas metálicas, van mezclando las malas hierbas, los restos de la paja del arroz y el fango del campo, miles y miles de aves se apelotonan para conseguir, entre el barro removido, algo de alimento que colme sus necesidades.

Gaviotas como las reidoras o las sombrías son las más numerosas en estos procesos de *fangueo*, pero también aparecen otras más extrañas de ver en otros momentos y que sorprenden a quien viene a observar este espectáculo, como son la argéntea, la gaviota cana, la enana o la del Caspio que, motivadas por el ruido, se acercan como si nada.

La familia de las garzas está casi al completo; con las garcillas bueyeras y las garcetas comunes, pero también las garcetas grandes y las garzas reales aparecen de vez en cuando, aunque a estas les gusta guardar las distancias de ese mundanal ruido que se produce en esos momentos.

Chorlitos, avocetas o varias especies de correlimos también aprovechan los campos removidos para pillar atrapar invertebrado que echarse al pico.

Y no pueden faltar, en todo ese momento, los moritos, ibis que cada vez pueblan la Albufera en este tiempo y que disfrutan, como nadie, de estar aquí conmigo. Los cormoranes, que a cientos se acumulan en el lago, también se pasean por los campos.

Lejos de los momentos de alta intensidad de *fangueo* se encuentran de manera permanente los elegantes flamencos, que dan una nota de color a todo el espacio de la Albufera, sea cuando tiñen el cielo de color, sea como cuando reposan en los campos de arroz.

En alguna ocasión aparecen grullas, cigüeñas negras o avetoros, aunque lo hacen de manera rápida y casi casi de paso.

Otros ejemplares de aves también se pueden ver en estos tiempos, aunque lejos de los *fangueos*, como los aguiluchos laguneros, las águilas pescadoras o los halcones peregrinos.

Si alguien disfruta de este espectáculo a diario soy yo, que año tras año espero este tiempo con ansia y alegría. Mueven la energía que se siente en todos los campos y nos recuerdan que la vida, aunque dura, puede ser un juego divertido siempre y cuando estemos todos juntos y podamos compartir una preciosa mañana de invierno.

Me resulta muy curioso que de una tarea de campo, de remover la tierra con la paja sobrante de la cosecha del año anterior, surja la vida con tanta potencia que pueda revolucionar todo un espacio en un momento determinado. Quien inventó esto tenía una imaginación portentosa...

^ Un detalle de las ruedas (llamadas *gabias*) que ponen en los tractores para poder remover la tierra y mezclarla. Estos se llevan en camiones de campo en campo para hacer esta labor porque con este tipo de ruedas no pueden circular por ningún camino.

< Junto a momentos en los que vivo una elegancia absoluta, tanto por el vuelo de las aves como por su ritmo, existen otros de absoluta locura. No hay tregua de sonidos, ni orden, ni lógica en los movimientos. En la fotografía de abajo, que no refleja lo que sucedía ese día, la cantidad de aves era tal que se podían oír desde kilómetros de distancia y sus vuelos eran tan desestructurados que no podíais ni hacer una fotografía en condiciones.

EL *FANGUEO* EVITA LAS PLAGAS

El *fangueo* es un sistema de preparación de suelos eficiente para reducir los costes de producción en el cultivo del arroz.

En el *fangueo* la adecuada nivelación del suelo y el uso racional del agua de riego permiten realizar, en forma más eficiente y económica, el control de malezas, plagas y enfermedades.

La incorporación de la paja resultante de la siega del arroz al suelo permite evitar la contaminación de mis aguas y la consiguiente mortalidad de los peces, ya que, de pudrirse y volver las aguas a mi laguna, sería como un vertido que no ayudaría a devolver la transparencia a mis aguas.

No es un sistema para enterrar la totalidad de la paja que se genera en el cultivo del arroz, sino únicamente la que queda después de una siega adecuada de los tallos correspondientes.

En ocasiones, se confunde el *fangueo* con la mezcla de la totalidad de la paja, lo que, seguramente, generaría un mayor perjuicio por la gran cantidad que entraría en descomposición.

Este proceso de *fangueo* controlado incorpora al suelo la cantidad suficiente de nutrientes para que las cosechas tengan la calidad adecuada a los estándares que se quieren tener en el parque y, de esta manera, vuestros arroces sean un referente en el mercado actual.

Por otra parte, es importante indicar que en algún estudio que he podido encontrar, realizado por la Fundación Assut y presentado por la Universitat Politècnica de València sobre los campos de arroz de Sueca y el Palmar, se indicaba que el *fangueo* facilitaba una mayor riqueza de invertebrados, lo que mejoraba la calidad del entorno y en verano evitaba, en parte, las molestas nubes de mosquitos.

UN ESPECTÁCULO IMPERDIBLE

Miles de gaviotas reidoras se acumulan detrás de las ruedas de los tractores que pasan por el fango de los campos y van haciendo una danza a medida que el tractor avanza.

Las acompañan garcetas comunes y garcillas bueyeras, así como cientos de ibis o moritos que, aprovechando la cantidad de alimento que se mueve por ese *fangueo,* se dan un gran festín.

Miles de limícolas mariposean, de campo en campo, donde los agricultores *fanguean* alrededor de la laguna.

Las garzas más grandes y las garzas reales esperan su momento para acercarse a los ricos manjares que la Albufera ofrece. Chorlitos dorados, varias especies de correlimos, combatientes, avocetas y algún andarrío aprovechan el lodo removido antes de que se seque.

Siempre me sorprende el sentido de la oportunidad que tienen todas estas aves. Parece que este *fangueo* se haga para que ellas vengan y que los arroceros lo tengan todo preparado para su llegada, momento en el que da comienzo este festival de movimiento y de sonidos fantasmagóricos y reales en su realización. Lo cierto es que esto se hace para favorecer el cultivo del arroz y son las aves las que se aprovechan de este movimiento tan particular.

Si os gustan las aves y queréis disfrutar de ellas en grandes cantidades, poder verlas de cerca, este es un momento crucial para poder estar a su lado y sentirlas. Unos buenos prismáticos y una cámara de fotos os bastarán para llevaros un recuerdo espectacular de esta maravilla de este parque natural que es la Albufera de València y, si no queréis ni una cosa ni la otra, simplemente la presencia en esos momentos y admirar la maravilla de la vida será más que suficiente.

> Fotografía tomada en los campos de arroz en el momento de la *fanguejà* desde dentro del tractor que realiza las tareas en los campos.

263

La Trilladora del Tocaio

Tal vez sean las manos con más cicatrices las que saben
dar las caricias más suaves.
JULIO CORTÁZAR

En la actualidad se ha realizado la compra por parte del Ayuntamiento de València a sus antiguos propietarios, y se ha comenzado a realizar una reforma del espacio de la trilladora para que luzca preciosa. Se está interviniendo en las tres partes principales: el salón de recepción, la trilla y la vivienda.

También he visto que ya se está segando el campo de arroz que está dentro de los terrenos de la trilladora y que se ha cultivado de forma manual y tradicional, aunque ahora se esté segando con una máquina moderna que hace todo el trabajo a la vez. Pero hay que aceptar la evolución siempre y cuando no se nos olvide por qué y para qué hemos llegado a esto.

A ella acudían los arroceros por mis canales cargando el arroz en sus capazos para que les separaran la paja del grano.

Hasta hace bien poco, mitad del siglo XX, las barcas cargadas con las gavillas de arroz llegaban hasta su embarcadero y metían los manojos del cereal en la máquina, donde se separaban los granos de la paja.

Una máquina de vapor parecida a una máquina de tren era la que hacía funcionar la trilladora.

Una gran chimenea lucía en la fachada del edificio. Por ella salía todo el humo, procedente de la combustión de la propia paja sobrante, que aportaba la energía.

La zona de la trilladora también actuaba de *sequer*, ya que el arroz, una vez separado, se extendía para su secado en la explanada de delante, ordenadamente en el suelo y, una vez seco, se almacenaba en un granero cercano hasta que se tenía que comercializar.

Con esta forma de trabajar, se dejó de hacer el trillado tradicional. En este, los hombres utilizaban un trillo tirado por animales y luego volteaban con *forques* las espigas para que el grano se soltara.

Igual que pasó entonces, cuando llegaron las máquinas de vapor, que agilizaron los trabajos tradicionales, lo mismo sucedió cuando el gasoil hizo su aparición y favoreció que las trilladoras móviles fueran de *sequer* en *sequer* haciendo la trilla.

La trilladora, como edificio histórico del Palmar y de la Albufera, se va a reciclar para convertirse en un centro de propagación de la vida, del paisaje y de la cultura, un lugar donde conocerme, sentirme, encontrarme y disfrutarme, tanto a mí como a todos los que han vivido en este entorno durante años.

Esto me llena de alegría, porque vosotros siempre decís que conocer es amar... y yo espero que esto suceda de manera multitudinaria.

Cuanta más gente me conozca y sepa qué y quién soy y lo que somos juntos, seguro que habrá más personas que decidan cuidarme y ayudarme a salir de mi situación actual.

Lo que me gustaría, de verdad, es que esta antigua trilladora fuera como un centro donde la vida de la zona se revitalizara y actuara como encuentro de personas que a largo y medio plazo tuvieran ideas y proyectos para ayudarme a recuperar la transparencia y la esencia de antaño.

Curiosidades de aquí

EL CRISTO DE LA SALUD

Flotando en el aire, solemne y mecido por sus portadores, entra el Cristo de la Salud por la Trilladora del Tocaio.

De repente, un *xiquet* sale corriendo de entre la gente y nervioso llega al pantalán del puerto del Palmar chillando: «Ja està ací, ja està arribant a la barca, ja ve el Cristo de la Salud…».

El Cristo de la Salud parece que, al oír al niño y al entrar por encima del *sequer* y pisar los adoquines, deje esa solemnidad que lo acompañaba y empiece, con ese balanceo, a saludar con la cabeza uno a uno a las gentes que le abren paso.

A pocos metros, los barqueros del lago y las barcas venidas de todos los puertos que hay dentro de mí, nerviosas y engalanadas, le aguardan expectantes para celebrar la romería más bonita de toda la Albufera.

Hoy, 4 de agosto, se celebra la romería del Cristo de la Salud del Palmar.

Ya sube el Cristo a la barca, los barqueros, nerviosos, comienzan el baile con sus perchas, no puedes ser buen barquero si tu barca no está al lado del Cristo; gritos, roces, golpes entre las barcas, demostración de pericia y equilibrio, pero, de repente, Manolín, barquero de la del Cristo y que conoce como nadie al resto, coge con una mano el timón y con la otra el megáfono y como si el mismo Cristo desde su cruz le diera las instrucciones empieza a poner un poquito de orden en ese caos: «A vore, els dels barquets, que tiren més endavant, per favor… No vos poseu davant, ¡ieee! Vilches, no te pares… José, no t'acostes tant… Rosa, apreta un poquet de marxa… Torrentí, no sigues bort i mou-te… Per favor, no li pegueu a la barca dels músics que no poden tocar… La gent de les vores que s'espere a que passe el Cristo per a eixir i que no tinga pressa… Per favor, la gent de les barques, que no traga les mans que és molt perillós…. No li pegueu a la barca del Cristo, que anirà el retor al aigua…».

Y menos mal que el Cristo de la Salud los protege ese ratito que dura la romería y nunca pasa nada.

Mientras esto pasa, las caras de las personas que por primera vez ven esta romería, falleras mayores de València con sus cortes de honor, políticos de primer nivel, artistas y famosos, expresan con mímica las emociones de estar formando parte de una de las tradiciones más valencianas que se puedan vivir. Y yo he visto a alguno de ellos soltar una lágrima en silencio y que llegue a mis aguas con un gran aprecio.

Recuerdo de entre todos con mucho cariño a don Vicente Ramírez, que me obsequiaba con un estupendo castillo de fue-

Cada 4 de agosto desde 1976 se celebra la romería por la Albufera del Cristo de la Salud. Esta historia comienza porque ese año llegó la imagen peregrina de la Virgen de los Desamparados de València, que salió en procesión por mis aguas y posteriormente los fieles pensaron que podrían hacer lo mismo con la imagen de su patrón.

En 2017 la Santa Sede concedió al Palmar un año santo jubilar por su devoción al Cristo de la Salud, con motivo del 75 aniversario de su imagen actual y el 75 aniversario también de la parroquia.

gos artificiales al terminar la romería y del que solo hacía falta ver su cara y apreciar su satisfacción.

Todo esto ocurre mientras salimos por el canal que nos lleva por delante de la *sequiota* a la mitad del lago, donde las barcas se preparan y, a modo de isla y con el Cristo de la Salud, en mitad del lago, vuelve la solemnidad y comienza la lectura de los Evangelios y, tras estos, la bendición de las aguas y la petición de un buen año para todos.

Terminados estos actos, la gente en las barcas empiezan su particular *comboi*, que no es más que esa merienda cena como antiguamente se hacía los días muy festivos, tortilla de *creïlles; tomateta i pimentó; llonganisses i botifarres; vi i llimonà; cacaus i tramussos;* y, por supuesto, nuestras *cocas d'anous en panses i misteleta.*

Para mí, y viendo disfrutar a generación tras generación de la misma manera, es un orgullo por el respeto a las tradiciones que yo puedo tener.

La Muntanyeta dels Sants

En todas las cosas de la naturaleza hay algo maravilloso.
Aristóteles

El cerro de los Santos es un lugar perfecto para disfrutar de unas vistas maravillosas de todo el parque, un promontorio de 27 metros de altura que os permitirá ver los campos de arroz desde Sueca hasta València.

Hay una ermita en su cima que está dedicada a los santos Abdón y Senén, a los que les llaman «los sartos de la piedra», patrones y canónicos de Sueca desde 1902. Estos santos protegen el parque de granizadas, fuertes tormentas y pedriscos.

En la actualidad, es una reserva de flora y está protegido como tal. Junto a la montaña del Cabeçol de Cullera son los dos resaltes montañosos que vigilan todo el parque.

Se realizó una reforestación para tapar el impacto de la cantera y se plantaron pinos blancos, originarios del Mediterráneo, siendo estos los más antiguos que podéis ver en toda la *muntanyeta*.

En algún momento, por el abandono de la cantera, se desarrollaron con mucha profusión las higueras de pala o, como vosotros llamáis, las chumberas.

Para favorecer el crecimiento de plantas autóctonas y propias de la zona, se llevó a cabo una actuación para su eliminación y para la potenciación de otro tipo de especies de flora que constituyeran un paisaje más acorde con lo que conocimos antaño: arbustos y arboleda.

Recuerdo que, cuando los musulmanes estuvieron por aquí, este montículo era extraordinario para ellos y construyeron un gran palacio que utilizaban a modo de finca de recreo.

Cuando entró Jaume I, la orden hospitalaria edificó una pequeña ermita cuya primera piedra se puso alrededor de 1610, siendo inaugurada la ermita definitiva en 1613. Durante toda su vida tuvo diversas restauraciones y ampliaciones hasta la más reciente, que fue en 1966.

Como curiosidad os podría contar que quienes sufragaron gran parte de los gastos de construcción de esta ermita fueron los agricultores de Sueca por su fervor a los santos y para conseguir su servicio evitando las granizadas en los campos de arroz.

Los días de fiesta son el 29 y 30 de julio. En el primero de ellos realizáis una romería en peregrinaje guiada por los niños mayorales desde la iglesia del Carmen hasta la Muntanyeta dels Sants. Acuden de todos los pueblos que hay en mis orillas tanto a pie como en carreta o a caballo y ahí es donde recuerdo el fervor de la gente de siempre.

Lo que más me gusta de este enclave son las vistas de las que podéis disfrutar, según la época del año en la que estéis por aquí, desde el azul de las aguas al verde del arroz en septiembre.

Se puede ver Cullera con los campos de arroz inundados ya para la siembra y, si giras un poco la cabeza, te golpeas con Sueca y toda su extensión.

Por el este, podéis apreciar toda la linea litoral desde el *mareny* hasta el Saler y por el norte se pude ver València y la sierra Calderona.

Es un enclave que os permite disfrutar de la totalidad del parque desde lo alto y ver los diferentes momentos del ciclo de las cosechas del arroz, sus colores, sus texturas, sus aromas y, especialmente, sus contrastes en el parque.

Años atrás, la montañeta fue una cantera de piedra para la construcción, hasta aproximadamente el comienzo de vuestra guerra civil, todavía hoy en día podéis apreciar las improntas que dejó la dinamita por ahí.

Por debajo, fruto de las filtraciones de agua de lluvia con altos componentes de dióxido de carbono, que poco a poco van disolviendo las piedras calcáreas de su interior, se encuentran formaciones de cavidades y de cuevas como son la cueva del Burro o la cueva del Drac.

En definitiva, es un lugar para visitar en cualquier momento y estar un rato agradable, paseando o sentados en cualquiera de sus miradores.

∧ Vista desde el mirador de la plaza de la fuente, desde donde podéis ver los arrozales inundados de agua para la siembra, al fondo a la izquierda la montaña de Cullera y a la derecha podéis ver las montañas de Corbera. Es un placer pasar el tiempo en este mirador en un atardecer por los colores que os muestra la naturaleza en este espacio de paz y de tranquilidad.

ARQUITECTURA EN LA *MARJAL*

El arquitecto del futuro se basará en la imitación de la naturaleza, porque es la forma más racional, duradera y económica de todos los métodos.
ANTONI GAUDÍ

Las construcciones se fueron haciendo a lo largo de los años y pertenecieron a empresarios del arroz y a propietarios de tierra que las utilizaron para controlar los trabajos de mayor actividad agrícola. Otras, quizá más modestas, se utilizaron como viviendas para los jornaleros y para guardar los aperos para la labranza.

Una de las casas, que en la actualidad mantiene su uso para labores de los arrozales, es la Baldovina o Casa de Baldoví, en el término municipal de Sueca y lindando ya con el Palmar.

María Baldoví, de familia burguesa de Sueca, se casó con Joaquín Manglano, barón de Cárcer, y ambos construyeron esta casa señorial que en sus años de esplendor tuvo que causar sensación entre visitantes y habitantes, ya que su presencia era muy diferente al resto de arquitecturas.

Hace unos años cambió de dueños. La compraron una familia de Alfafar y otra de Massanassa y en la actualidad la finca, que está a pleno rendimiento, produce toneladas y toneladas de arroz.

Muchas de las casas que había entonces se han caído o poco les falta. El poco uso ayuda a ello.

Es una pena que se pierda toda esta cultura de casas señoriales construidas dentro del parque porque alegran y dan vida a todo el entorno. No me gusta la sensación de derribo que dan muchas de ellas.

Otras, sin embargo, han sido compradas por algunas instituciones y se mantienen gracias a esos usos oficiales o privados, como es el caso de la Casa Figueró, en Sueca.

De todas formas, el componente privado de gran parte del parque hace que las instituciones no puedan intervenir y esa dificultad se convierte en una excusa para permitir que sigan languideciendo, como sucede con la Casa de Pinedo, en Sollana.

Otras casas todavía las podemos ver dentro el parque, como la Casa dels Catalans; la Casa Lliverós, en el Tancat del Malvinar; la propia Casa Baldovina; o la Casa del Senyoret, en el Tancat del Campot.

< El arroz es una actividad agrícola que necesitó de construcciones para dar abrigo a jornaleros, para guardar aperos y otras, hermosas construcciones de terratenientes que son referencia en este paisaje totalmente llano y liso. Valga como ejemplo la fotografía que muestra una estampa al atardecer de la Casa de Baldoví que asoma al canal de Dalt con absoluta belleza en su reflejo.

277

CONCIERTOS EN EL CAMPOT

Dentro del llamado Tancat del Campot existen unas construcciones que funcionan todas alrededor de las necesidades del cultivo del arroz. En todo el complejo existe una casa principal, que le llaman del Senyoret y otro conjunto de construcciones de casas que fueron utilizadas por los trabajadores del *tancat*.

La importancia más grande la tiene la propia casa señorial y las falsas barracas que asoman a una plaza, a modo de plaza del pueblo, donde se pueden realizar actividades diversas como se hicieron en una época donde, con el patrocinio del señor García Chornet, se organizaban ciertos eventos musicales muy apreciados durante los años ochenta y noventa.

Un pequeño número de propietarios organizaban conciertos de música clásica gratuitos que eran muy apreciados por todos los habitantes de los pueblos que rodean mis orillas. Yo misma estaba feliz de sentir y poder escuchar la maravillosa

música que se expandía entre la superficie de mis aguas y recorría toda la zona en las noches de verano dando vida a esta zona que, en ocasiones, parecía como muerta.

Era curioso porque muchos de los asistentes se quedaban en sus barcas y, en un absoluto silencio, disfrutaban del concierto. Era lógica esa calma porque muchos de ellos venían de contemplar la puesta de sol que se acababa de producir, y el nivel de relajación y de admiración que se generaba era espectacular.

Esta casa, referente en mi entorno, ocupa uno de los últimos espacios que ganaron a mis aguas y era tan grande que el constructor, el señor Vigné, tuvo que vender unas partes para poder escriturar ese terreno. El comprador fue don Miguel Félix Hernández, de apodo Senyoret, y de ahí el nombre de todo el complejo arquitectónico. El Senyoret acabó siendo toda una personalidad en aquella época en la Albufera.

∧ Vista del complejo de la Casa del Senyoret con todos sus elementos arquitectónicos desde la Casa de Boquera en la Séquia Obera. La visión es una maravilla en un paisaje donde las construcciones son escasas y las que existen bien mantenidas y mejor cuidadas marcan un paisaje excepcional dentro de lo que es la extensión de los campos de arroz.

> Diferentes casas en su momento actual a lo largo de todo el parque natural de la Albufera. Como se puede ver, unas todavía están en uso y otras distan mucho de la imagen que tenían antaño, como es el caso de la Casa Lliberós donde ya ni puertas ni ventanas quedan.

Arte entre los arrozales

¡Belleza, sí belleza! Pero la belleza no es eso, no es la del arte por el arte, no es la de los esteticistas. Belleza cuya contemplación no nos hace mejores no es tal belleza.
Miguel de Unamuno

Por aquí han pasado grandes artistas que han disfrutado de expresarse conmigo a lo grande: pintores, músicos, grafiteros, cantantes, escritores, bailarines, escultores... Ellos vivían el arte.

Y, aunque en vuestro mundo el arte todavía se considere algo secundario y poco serio, lo más increíble que tiene es el concepto de poder hacer algo desde uno mismo hacia el mundo.

El arte es la expresión del alma, aquello que surge de uno mismo para manifestar la existencia. Los humanos interpretáis el orden natural y lo imitáis para poder crear la belleza en el mundo.

Para introducir valor en las bellas artes, podría deciros que es como la realización de la ciencia; la arquitectura es el arte de las matemáticas y la geometría; una pintura, de la química o la física.

La música podría ser el arte nacido desde la ciencia de la métrica y las frecuencias del sonido y, como ves, el arte y la técnica se separaron sin saber muy bien la razón que los llevó a ello.

Quizá en algún momento alguien de vosotros creyó que no estaba bien expresar los sentimientos y que sufrir era lo adecuado, por lo que expresar los placeres y la belleza del mundo era pecado.

El arte es fundamental en vuestras vidas, desde ahí se expresan los grandes conceptos y valores: la paz, la emoción, la vida, la verdad..., aunque otros piensen que nada de eso os da de comer.

Cada uno de vosotros debe ser un artista de su propia vida, manifestar sus actos, su verdad..., traer la belleza de vuestra alma al mundo para crear y generar soluciones en cada situación.

Despertad vuestras almas con el arte, moved las cosas de sitio, poned color a la vida, bailad, cantad, escuchad música que os motive, pintad un cuadro, leed libros nuevos, id al cine, enamoraos de vos...

Al hacer todo esto iréis descubriendo vuestro potencial. La fuerza de crear y de expresar la vida os ayudará a olvidaros de destruir y empezaréis a ayudarme a vivir desde lo mejor de las bellas artes.

Fco. de Goya comía *RATÁ* y *ALL I PEBRE*

Que tu medicina sea tu alimento, y el alimento tu medicina.
HIPÓCRATES

«El labriego cocinaba el arroz en una sartén, y lo acompañaba con lo que encontraba», explica el cocinero Rafael Vidal en una entrevista en el diario *Levante-EMV* de València. En sus orígenes era rata de marjal y anguila. Rata. Es cierto. No es un mito. Las paellas primigenias llevaban rata de la Albufera. «Era más bien un conejo, un roedor que nada tiene que ver con las ratas de alcantarilla de las ciudades modernas».

El *all i pebre* es el otro plato típico de esta zona y está compuesto de ajo, pimiento rojo molido y la famosa anguila de la Albufera. Esto se mezcla con patatas y aceite de oliva y se hace este guiso que actualmente es uno de los más importantes de vuestra gastronomía. Podéis encontrar diferentes versiones de este plato, sin patata, con almendras picadas, con pan frito para espesar, e incluso añadiendo rape al guiso, pero la manera tradicional es la que incluye los ingredientes que os he detallado al principio.

< Composición realizada con una espiga de arroz recién cogida del campo. En ella se ve con toda claridad la cáscara que recubre la semilla o grano de arroz y la manera en la que está unida al tronco que sujeta la espiga entera.

«Luego de la caza viene el almuerzo. A la Pepa y a mí nos dan un guiso de rata con arroz y un plato de anguilas... También hay una gamba muy buena criada en el lago...».

Así contaba don Francisco de Goya a su amigo Martín Zapater algunas de las cosas que hacía en unos días de asueto por estos parajes míos.

Desde luego, estaba feliz de estar por aquí y nadie lo conocía por sus artes pictóricas o artísticas, sino más bien por sus disfrutes gastronómicos.

Si algo caracteriza esta zona donde vivís es una gastronomía espectacular en torno a los ingredientes imprescindibles, como son el arroz y la anguila.

Almuerzo sagrado donde los haya y donde no perdonáis un plato de *all i pebre* a las nueve de la mañana.

Si bien el plato más conocido es la paella, mis vecinos, los de toda la zona, hacen unos arroces que son impresionantes y con un sabor increíble.

No sois conscientes, ni en València ni fuera, de la suerte que tenéis porque en esta reserva natural encontramos los productos que enriquecen la gastronomía de este entorno, palabras que oí el otro día a Luis Valls, actual jefe de cocina de un emblemático restaurante de València.

Luis Valls marca una evolución muy clara y se muestra amante del arroz junto con la anguila, el pato y el cangrejo.

En todo el entorno podréis comer de categoría, no pintaréis los cuadros que hacía don Francisco, pero disfrutaréis de mejores almuerzos de los que él tomaba en sus días, pues tenéis a vuestra disposición multitud de locales que ofrecen los platos más típicos de esta zona con los sabores más increíbles, llenos de emociones y satisfacciones.

Conciencia y conservación

El Tancat de la Pipa

El agua y la tierra, los dos fluidos esenciales de los que depende la vida, se han convertido en latas globales de basura.
JACQUES COUSTEAU

Es un área de reserva abierta al público dentro del Parque Natural de l'Albufera ubicada en la orilla norte de la laguna, entre el final del canal del Port de Catarroja y la desembocadura del barranco del Poyo, en el término municipal de València.

En este espacio, se encuentra el Centro de Interpretación, con un centro de visitantes en un antiguo motor, el de la Pipa. Cuenta con dos lagunas, un *ullal* y cuatro parcelas que funcionan como humedales artificiales que retienen los nutrientes y mejoran la calidad del agua que entra en las lagunas y posteriormente en l'Albufera.

El Tancat de la Pipa es el resultado de un proceso de restauración ecológica llevado a cabo en 2007 por la Confederación Hidrográfica del Júcar, en el que 40 hectáreas de arrozal fueron transformadas en un conjunto de hábitats de agua dulce que funcionan como reserva de la biodiversidad gracias al proceso de mejora de la calidad del agua que tiene lugar en sus filtros verdes y lagunas.

Gracias a un proceso de restauración ecológica, se han recreado los principales ambientes de agua dulce propios del humedal, con lo que es posible conocer el aspecto de la laguna antes del proceso de contaminación y degradación ocurrido en los últimos años.

Esto ha permitido el establecimiento de poblaciones de interés a nivel regional de algunas aves acuáticas, como el pato colorado, la focha común, el avetoro, el ánade friso, el carricero real o la buscarla unicolor mediante la presencia de ambientes con inundación permanente y la recuperación de vegetación sumergida.

Este proyecto cuenta con el apoyo de distintas entidades, tanto públicas como privadas, que trabajan a diario para que los objetivos de conseguir a pequeña escala una solución a los problemas que tengo con el agua y que puedan, en la actualidad, hacerse realidad: dos ONG, dos universidades, una empresa privada y la Administración me hacen sentir como una reina, atendida y bien cuidada.

Es una maravilla poder realizar una visita y descubrir el trabajo de personas profesionales que cuidan de mí y de los entornos en los que vosotros vivís. Tienen prismáticos y algún catalejo para poder utilizar desde el mirador y no perderos ni un detalle de las vistas.

Se puede ir en coche pasando por el puerto de Catarroja por si hay algún problema de movilidad, o en barca y bajar en el pantalán que hay frente al centro de interpretación. Ir en bicicleta o a pie también son opciones muy interesantes.

< Fotografía tomada desde la terraza del Centro de Interpretación del Tancat de la Pipa. Se pueden apreciar las lagunas y al fondo las construcciones de apartamentos que se realizaron en los años setenta en el Saler.

El *tancat* se abrió oficialmente el 19 de octubre de 2009 y se ha convertido en un lugar reconocido internacionalmente como ejemplo de espacio natural restaurado.

También es un magnífico ejemplo de cómo la naturaleza es capaz de curarse a sí misma mediante los recursos que genera. Es cierto que es un proceso lento, pero es seguro y eficaz para ir recuperando la transparencia que tuve algún día.

TANCATS DE L'ILLA Y MÍLIA

Nuestra tarea debe ser vivir libres, ampliando nuestro círculo de compasión para abarcar a todas las criaturas vivientes y la totalidad de la naturaleza y su belleza.
ALBERT EINSTEIN

En la vida siempre hay personas que te ayudar en tu desarrollo y algunas de ellas son las que han creado un proyecto que se llama Filtros Verdes, un proyecto donde, esta vez sí, la inteligencia humana se pone al servicio de la naturaleza y reconoce que la vida la regulan los procesos naturales de esta tierra, si bien, como todos los que aquí vivimos, necesitamos ayuda en un momento determinado para poder limpiar o asumir lo que otros han llevado a un estado límite en el desarrollo de sus funciones.

Este proyecto permite gestionar las aguas residuales aplicando soluciones naturales y restaurando el propio ecosistema, lo que determina una mejora de la calidad del agua y un refugio importante para las aves que vienen a verme.

La naturaleza se cura a sí misma y vosotros estáis favoreciendo este proceso de una manera controlada y eficaz para que todos salgamos beneficiados y, a su vez, recojamos información para ayudar a otras lagunas que existen en el mundo con la misma problemática que tengo aquí.

Este proyecto, para mí, es absolutamente emocionante. He pasado de una situación donde no creía que iba a poder salir, y que el fin estaba muy cerca, a tener una esperanza de que va a ser posible una recuperación ambiental de mi entorno en unos cuantos años.

Tengo esa sensación de no hacer otra cosa que dar gracias de que existan personas comprometidas con este proyecto y que se destinen recursos para que ellos cumplan con su misión.

Esto es la reciprocidad que siempre he estado deseando ver, ese cuidado que creía que me podíais dar, ese amor que existe en mí cada vez que me miráis y sentís la paz de estar aquí, junto a mí.

Dedicar parte de lo que sacáis a mantener el lugar que os permite vivir y tener un nivel de vida acorde a vuestras necesidades es de vital importancia para mí y es fantástico para vosotros porque cultiváis valores importantes como la reciprocidad, el respeto, el agradecimiento, la generosidad, la convivencia, la honestidad…, gestos y valores que a vuestros hijos tenéis que enseñar sin ninguna duda.

Agradezco a las personas que decidieron depurar el agua sirviéndose de los elementos naturales, conservando el hábitat, sin infraestructuras pesadas ni grandes tecnologías, simplemente observando lo que hacía la naturaleza desde siempre.

Lo fantástico y lo verdaderamente importante de estos procesos es que me permiten recuperar mi vegetación subacuática, mis plantitas, que desaparecieron en los momentos de mayor contaminación.

Se utilizan las propias plantas que genero en la laguna, como son el carrizo y la enea, para limpiar el agua y que a la vez me oxigenen, así como que retengan esa parte sólida que compromete tanto mi vida.

El final del proceso es la recreación de mí misma con las aguas limpias y transparentes, esa transparencia tan necesaria para la continuidad del planeta, que vierten en mi cuerpo para limpiarme y regenerarme sin que intervenga nada más que la memoria del agua.

Tengo que agradecer esas infraestructuras que son las depuradoras que hay en Sueca y en el sur de la Albufera, donde, antes de pasar el agua a estos filtros verdes, la tratan para que no contamine más mis aguas.

Y también quiero agradecer a todas aquellas personas que diariamente me miden y me sondan para saber los niveles de salud de mi vida.

Aplaudo este tipo de comportamientos donde, de verdad, la inteligencia humana está al servicio del planeta y no se ha convertido en ignorancia patológica o en una ambición desmedida por tener cada día más y más de todo.

Los Tancats de l'illa y de Mília fortalecen mi naturaleza y me ayudan a que todo mi entorno afronte los impactos y pueda amortiguar los golpes.

De esta manera, podré recomponer el ciclo a través de los microorganismos del agua que reciclan los nutrientes, que retienen los sedimentos y me oxigenan de una manera eficaz, un proceso que va a posibilitar que pueda volver la flora acuática que un día lució en el fondo de mis aguas y que permitía que disfrutarais de esa maravillosa transparencia.

El esfuerzo que estáis haciendo es importante, es necesaria la paciencia y la disciplina para no decaer en este intento

que siempre está marcado por los tiempos que la propia naturaleza tiene para sí misma.

Quizá vosotros quisierais que las cosas fueran más deprisa y que los procesos para mi recuperación se pudieran acelerar de alguna manera, pero todos tenemos que aprender de cómo hace la naturaleza.

Cada lágrima que salga de los ojos de aquellos que me miren y se emocionen de ver tanta belleza y caiga en mis aguas, me recordará todo el esfuerzo que habéis hecho por cuidarme y sacarme adelante.

Cada persona que me vea sentirá vuestro amor por la naturaleza y por el planeta, y no se irá sin darse cuenta de la importancia que tiene no destruir la naturaleza sino formar parte de ella y ayudarla a crear las condiciones para que se cure a sí misma.

Existen empresas que se están atreviendo a participar en procesos de recuperación de diversas zonas del planeta y eso es tan positivo que tendrá un efecto llamada al resto.

No dudéis en venir a conocerme, también en estos lugares que habéis creado para recuperar mi transparencia.

Podéis contactar con estos *tancats* a través de sus páginas web, donde encontraréis teléfonos, números de WhatsApp o correos electrónicos para hablar con ellos y programar una visita. Las visitas no tienen un carácter regular porque están dedicados en cuerpo y alma en la mejora de la calidad de mis aguas, pero cuando alguien tiene interés en venir a verme, seguro que lo consigue.

En alguna ocasión, dentro de alguna campaña sobre biodiversidad de parques naturales como recurso educativo, se organizan visitas guiadas a las que podéis asistir y empaparos de todo lo que aquí se está haciendo por mí.

LIRIOS AMARILLOS

Los hombres discuten. La naturaleza actúa.
VOLTAIRE

Desde el mes de abril florece el lirio en la Albufera y una de las posibilidades que tiene la planta es que puede arrancarse de unas zonas y replantarse en otras previamente preparadas para recibirla.

Una vez plantado el lirio, se extiende de manera natural sin entrar en contacto con la lámina de agua, una ventaja sobre la enea, que tiende a invadir el curso del agua en las acequias.

Es una flor bíblica que se utiliza para ayudar a separar los campos con pequeños muros de tierra; nada mejor que el lirio amarillo para poner orden en todo el entramado de la Albufera.

Es una maravilla que me vistan de amarillo en lugar de hacerlo con cemento gris y frío que afea todo mi entorno y lo hace un tanto desagradable.

Me gustan los campesinos que apuestan por rodear sus campos con una flor que les ayuda a mantener el entorno en perfectas condiciones y permite a los pequeños habitantes disfrutar de su presencia y poder guarecerse para que nadie los ataque con facilidad.

Cuando veo que en las orillas de las acequias y los canales están plantando semillas de lirios, me pongo contenta y parece que los días son de diferente calendario: alegres y virtuosos.

También se utilizan para la recuperación de las dunas de la restinga en la zona de los pueblos de Pinedo y el Saler.

Todo este cambio de estrategia para la conservación de los entornos en los que habito también crean riqueza y por ejemplo, existen viveros de semillas muy cerca del lago que proveen adecuadamente a todos los usuarios con lo necesario para su utilización.

Y si hablamos de filtros verdes y de regeneración del agua de la Albufera, nada como los lirios, autóctonos, para su utilización en filtrar mis aguas y trabajar en favor de la regeneración de los espacios necesarios para que me pueda recuperar después de todo el trato que he recibido en los últimos años.

Cuando hacéis plantaciones de lirios amarillos, aprovechando cualquiera de las fiestas que celebráis, el día mundial del medio ambiente es una de ellas, y lo hacéis juntos y entre todos, ayudáis a concienciar a un mayor número de personas de que cambiar basura por lirios en los lindes de los campos y de las acequias nos beneficia a todos.

En la actualidad, diversas asociaciones organizan talleres, charlas o jornadas donde introducen una plantación de lirio amarillo (*Iris pseudacorus*) en las motas de los campos de arroz. La más conocida es la que se realiza en el Campot, a la que concurren numerosas personas.

Y, para que sepáis, los lirios amarillos están vinculados a la alegría y a la felicidad..., por lo que regalarme un ramo de lirios o plantarlos en una mota siempre es una muy buena opción.

Racó de l'Olla

Una vida tranquila y alejada en el campo, con la posibilidad de ser útil a otras personas con las que resulta fácil hacer el bien y que no están acostumbradas a que las ayuden. Quizá un trabajo que sea de algún provecho y luego descansar, la naturaleza, libros, música, el amor al prójimo. Esa es mi idea de la felicidad.
León Tolstói

Uno de los lugares de alto interés botánico y faunístico de todo lo que tengo alrededor del parque es el Raco de l'Olla, donde encontraréis el Centro de Interpretación. Aquí lleváis a cabo programas de información y divulgación en diferentes líneas de trabajo: unas dirigidas al público en general, otras al turismo y también a los centros educativos, donde todos los alumnos, juntos, pueden pasar a visitarla.

Lo que más quisiera que supierais es que existe una zona de reserva integral que la tenéis restringida al público y que es un área que se destina a la nidificación y al refugio de las especies de aves acuáticas.

Este fantástico espacio se encuentra entre las dunas de la Devesa y la propia laguna que me da nombre. Este es el espacio en el que se establecieron desde el siglo XI las salinas que abastecían a València y parte del Reino de Aragón.

Este concepto de salina era posible al existir la entrada de agua salada de l'Alcatí, que, a su vez, la recibía probablemente desde el portillo del Perelló.

Diversos usos le habéis dado a este espacio, lo que dice mucho de vuestras maneras de hacer y de gobernar. Esta zona fue un gran campo de arroz, vertedero de residuos (a partir de la riada de octubre de 1957) y un hipódromo que construisteis a través de la Sociedad Valenciana de Carreras de Caballos. La suerte que tuve es que este proyecto acabó en quiebra a los pocos años y se pudo recuperar ese espacio.

Es muy interesante que sepáis que han pasado por aquí diferentes proyectos, como han sido la construcción de una universidad o también el traslado del Zoo de València a esta zona.

No fue hasta el año 1986 que el Ayuntamiento recupera estos terrenos y se ponen en marcha proyectos destinados a dar información sobre el parque y a la creación de un área de reserva para la recuperación y adecuación ecológica del Racó.

En la actualidad, la gestión de este centro de gran valor cultural es compartida, mediante un convenio de colaboración, entre la Generalitat Valenciana y el Ayuntamiento de València.

Me encanta el respeto que se pide en toda la zona; me gusta que existan zonas de trabajo y experimentación en las que no se puede entrar, el silencio que se solicita para poder observar las aves sin molestar... A veces, no dejar entrar a todo el mundo es asegurar un trabajo de calidad que necesito.

Las aves descansan en el otoño y el invierno. Vienen grandes bandos que utilizan el Racó de l'Olla para reponer fuerzas de sus viajes y sobrevivir al rigor invernal de sus localizaciones habituales.

Por otra parte, la primavera y el verano es la época de cría, y las aves, con mayor tranquilidad, tratan de sacar a sus polluelos adelante.

Es importante saber que las lagunas del Racó tienen un componente de salinidad muy alto, recreado de manera totalmente artificial, para favorecer la nidificación de especies en mayor riesgo y evitar la proliferación de otro tipo de especies.

Otra de las zonas importantes de la que podéis disfrutar en este espacio es el bosque que está formado por una densa vegetación mediterránea que está totalmente adaptada al clima de esta zona. Podemos encontrar multitud de especies de plantas con propiedades muy adecuadas para vosotros, casi

como una farmacia natural a vuestro alcance, de la que ya hablamos en otro apartado.

El Racó de l'Olla es un espacio ideal para venir con niños. Aquí vais a encontrar exposiciones sobre la Albufera donde os explican todo sobre mí, con maquetas luminosas y medios audiovisuales adecuados.

También se puede subir a una torre mirador desde donde podéis disfrutar de unas vistas preciosas de todo el parque.

Un sendero recorre el bosque y os lleva hasta un *hide* que os permite observar y fotografiar con total tranquilidad gran cantidad de aves que hay en las lagunas.

Durante el paseo por el sendero podéis disfrutar de toda la cantidad de flora que convive en este espacio y que está perfectamente señalizada y explicada con distintos carteles informativos por cada especie.

∧ Una de tantas flores y plantas que os podéis encontrar en un paseo por dentro del Racó de l'Olla en cualquier día que queráis ir a visitarlo. Es un espacio con alto interés botánico y faunístico que a cualquiera de vosotros os puede interesar y abrir alguna puerta hacia el interés de mi entorno. Las visitas son totalmente gratuitas y no hay límite de tiempo salvo el horario de apertura.

Un aborigen de la Albufera

Ciertas cosas pueden capturar tu mirada,
pero sigue solo a las que puedan capturar tu corazón.
Proverbio sioux

Hoy siento que se termina este libro que nos ha mantenido en contacto y unidos un tiempo importante.

Hoy se termina con la traca final de una *mascletà* de emociones vividas y sentidas con vosotros, donde he visto cómo os habéis revuelto, cada día, sobre vosotros mismos y sobre vuestros congéneres y cómo hemos compartido esa evolución que habéis tenido hacia mí.

Se ama aquello que se conoce. No lo olvidéis nunca.

Hoy se termina esta etapa con algo que he dejado para el final: el reconocimiento a unas personas que tienen su vida unida a la mía, una estirpe que goza del ADN compartido conmigo y que casi escondidos, humillados y criticados, luchan despacio y cada día para conseguir sacar a la luz mi propia historia, esa que algunos se están empeñando en esconder y olvidar, no sabemos muy bien para qué.

Hoy quería que sintierais lo que es ser un aborigen de la Albufera.

Hoy quería que supierais de barqueros, aterradores y enamorados de mí.

Hoy quería llevaros a conocer a Miguel, hijo de Miguel Martí (Sulema).

Quería ver vuestra reacción cuando vierais lo que os iba a enseñar, cuando estuvierais delante de mi verdadera historia, esa que solo se ve con piedras, fósiles y arenas sacadas de mis fondos, de mis orillas y de los montes cercanos, esa historia que solo se conoce cuando alguien abre su corazón y comparte su historia contigo, con tu corazón.

Y ha pasado lo que tenía que pasar.

La emoción os ha consumido y ha podido con vosotros.

No se podía ni respirar.

Yo sabía que eso podía suceder.

Después de este tiempo, hoy me habéis podido tocar, casi respirar, sentir...

Tras años de tener sensaciones contradictorias, haber evolucionado en vuestras percepciones y daros cuenta de que la belleza puede con todo, aunque acaben con ella, estabais

delante de mí, de la historia de toda mi vida, de la creación misma, de la madre naturaleza encarnada en mí.

Un aborigen de mi entorno os ha mostrando lo que soy y lo que he sido: la mar, la albufera salada y la laguna de agua dulce.

Los *ullals* y las aguas dulces me proporcionaban una vida nueva. El agua salada empotraba mis aguas hacia las orillas de Catarroja, de Silla y de Sollana para volver a ceder a la dulzura de las aguas, a las playas de la vida.

He sido el juego de la vida durante miles de años. He sido transparente casi la totalidad de mi vida y conmigo han convivido todas las especies que hoy habéis estado admirando.

En el fondo de mis aguas está la historia que, parece, se quiere olvidar.

Los lodos de las acequias te cuentan todo lo que pasó desde que llegasteis aquí y solo estaba yo.

No se necesita mucho esfuerzo, solo algunos recursos, para comprender, no para destruir.

En este juego de la vida no se trata de ganar. Tampoco se trata de aniquilar.

La vida nos enseña a amar en todas sus dimensiones.

Yo os he dado amor, recursos, espacios y entornos con todo mi cariño. No sé qué pensar de lo que vosotros me habéis dado cuando a las primeras de cambio habéis hecho vertidos descontrolados matándome poco a poco y dejándome sin transparencia.

¡Gracias, Miguel!

En Casa Sulema se pueden ver cientos de piedras fósiles, todo tipo de invertebrados de épocas muy antiguas, y se pueden ver aperos de barcas de vela, la vela más grande de toda la Albufera e incluso cientos de vasos de plástico rellenados con la tierra de una prospección que se hizo hasta 250 metros aproximadamente de profundidad. Toda mi historia vaso a vaso, piedra a piedra... Un lujo que quizá se podría tener de otra manera.

Acuérdate de darle un saludo a tu padre, a tu abuelo y a tu bisabuelo, y también a sus parejas, y a tu madre, que todavía la veo por ahí contigo. Y también a todos los pescadores y barqueros de la Albufera que vivieron conmigo y te enseñaron todo lo que sabes de mí.

Hoy has abierto el corazón de dos personas que se merecían que tú les mostrases quién soy, sin adjetivos ni decoraciones, de corazón a corazón.

Seguramente se han ido sin entender muchas cosas. Quizá no comprenden a la humanidad en la que viven. Quién sabe si todavía esperan algún milagro en esta vida. Pero ya lo has visto que no se han ido indiferentes.

Pero lo que sí sé es que contigo, Miguel, han dado carpetazo a la primera parte de su historia conmigo. Igual, algún día, los vemos aspirando los fondos de mis aguas con un succio-

nador para enseñarle al mundo lo que soy y, a su vez, reconociendo de dónde vienen y a dónde van.

Casa Sulema ha cumplido hoy con toda su esencia.

Hoy Miguel Martí ha estado con vosotros para deciros que siempre se hace un buen trabajo cuando se tiene en cuenta el bienestar de todos.

Es un pena que la ignorancia sea el río más grande que moja a esta humanidad y que no busquéis el conocimiento para saber algo más de vosotros.

Cuando no sepáis qué hacer, acordaos de Miguel, un ejemplo para todos los que, de alguna manera, tienen relación conmigo.

Si alguno queréis saber de lo que estamos hablando, solo tenéis que entrar en Casa Sulema y preguntar por Miguel.

ESTOY AQUÍ

Estoy aquí para que puedas

ver los colores de la vida en cada atardecer,
oír cómo cantan las aves en sus quehaceres,
sentir cómo el viento nos mece sin distraer
y saborear la paz que existe en cada renacer.

Estoy aquí para recordarte

que de pequeño te bañabas detrás de los matojos,
que mirabas el fondo del lago y te brillaban los ojos,
que llenabas tu barca de anguilas en días gloriosos
y que cruzabas el lago cantando como un virtuoso.

Estoy aquí para que sepas

que el agua no es verde como tú ahora la ves,
que por los canales se puede pasar sin traspiés,
que la pesca siempre se recoge al amanecer
y que de noche me quedo aquí aunque no estés.

Estoy aquí para que aprendas

que es necesario cuidar a los que te quieren,
que sin respeto no podemos llegar muy lejos,
que a todos nos gusta que nos agradezcan
y que con poco conseguimos lo que queremos.

Estoy aquí para que no se te olvide

que la mejor manera de querer es amar,
que se ríe cuando lo damos todo y más,
que cantar nos eleva el alma al más allá
y que sin el agua nos vamos en un plisplás.

Estoy aquí

y no me miras porque te has acostumbrado a tenerme aquí,
no me valoras porque, mejor o peor, las cosas salen para ti,
no me cuidas porque no sabes lo que hay que hacer para mí
y deseas que siempre sea así, aunque sabes que casi me morí.

Estoy aquí a pesar de que

la ambición te ha llevado a tomar todo en propiedad,
las prisas y la comodidad requieren consumir sin piedad,
habéis abusado sin pensar en los que vienen detrás
y habéis respetado muy poco a lo que más os alimenta.

Estoy aquí

para que recordemos que al sacar una parte la restituimos,
para que de verdad seamos libres, equilibrados y generosos,
para que mires a tus hijos y los eduques en verdaderos valores
y para decirte que ser bella no es suficiente para quererte.

Estoy aquí para decirte que

todavía hay tiempo de tener otra forma de sentir,
que hay que encontrar un camino para vivir sin destruir,
que hay que saber lo que hacemos con lo que no queremos
y que siempre hay que limpiar aquello que ensuciamos.

Estoy aquí

para que tengamos memoria y revivamos la historia,
para recordarte que eres feliz paseando en una barca por mí,
para que tus hijos vean los flamencos volar casi desde casa,
para que juntos podáis ver buhos patos cormoranes o garzas.

Estoy aquí

para saber la relación que quieres tener conmigo desde hoy,
para saber qué vas a hacer para sentir la belleza que te doy,
para saber qué vas a hacer para devolver parte del placer de ver,
para sugerirte que tienes que vivir y aprender a convivir.

Estoy aquí

y me alegra que ahora puedas estar pensando en mí,
disfruto de sentir que ahora quieres interceder por mí,
me emociona que un ser humano se mueva por estar aquí
y me entusiasma creer que el futuro es hoy y está aquí.

Epílogo

Álvaro Muñoz Hernández

Editor e investigador
en literatura europea

Como pasa con algunas pinturas impresionistas, el ser humano muchas veces necesita alejarse, tomar distancia, para disfrutar de las cosas. Nos ocurre con ciertas personas que empezamos a querer cuando ya no las tenemos, y también con paisajes cotidianos que aprendemos a valorar porque otros nos los hacen visibles. Sabemos que están, pero no focalizamos la mirada en ellos. Nos aparecen desdibujados, difuminados, como en algunas fotografías de este libro. Y, sabiéndolo, pasamos de largo. Las desenfocamos. Cualquier estudioso de la pintura recomienda dar entre dos y cinco pasos para disfrutar de un cuadro de tamaño mediano. Yo, para disfrutar de este inmenso lago, me he tenido que alejar casi 500 km.

Las personas tenemos los sentidos entrenados para generar placer ante un nuevo estímulo. Por eso la alta cocina cada vez está más de moda, porque el producto ya existe pero la manera de prepararlo, de presentarlo y, sobre todo, de percibirlo es totalmente rupturista.

Con el turismo ocurre exactamente lo mismo. ¿Cuántas veces ha tenido que venir alguien de fuera a decirnos que le encanta que tengamos nuestras avenidas adornadas con naranjos artificiales? Nosotros ya no tenemos entrenado el sentido de la vista para valorarlo y, cuando pasamos por al lado de uno, hacemos el vergonzoso gesto de quien ve un vagabundo en la calle y agacha la cabeza, pero no puede dejar de mirar por el rabillo del ojo para leer qué pone en su cartel. La Albufera de València es la gran ignorada de nuestra tierra, y ni siquiera la miramos de reojo. La olvidamos.

Seguimos caminando. Juan y Vicent han conseguido mostrarnos la belleza de un espacio que para muchos valencianos es como ese vagabundo. Haciendo una carpeta con las fotos del último viaje a París, me doy cuenta de lo ciegos que estamos ante la belleza de este paisaje. Fotos de pomos, de puertas, de sillas, de tazas de café, de adoquines, de basura: cuando viajas, encuentras la belleza en todos lados, pero, cuando no se pone distancia de por medio, de la taza parisina fotografiada solo ves el poso, los restos.

Este libro nos da el privilegio de no tener que alejarnos. Los ojos de Juan y Vicent son los de quienes saben ver las cosas cuando los demás solamente las miramos, y nos hacen el regalo de hacernos partícipes con su sabiduría y su conocimiento.

Por suerte, muchas veces la vida nos da segundas oportunidades, y tanto Juan como mi padre como yo la hemos tenido con este lago. Cuando yo era pequeño, veníamos a comer al Palmar cada mes. Pasábamos por delante, y me avergüenza recordar cada plato que comí, pero en ningún sitio de la memoria tengo un paseo en barca. Y no por ser olvidadizo, que lo soy, si no porque nunca ocurrió. Fuimos a Italia y lo hicimos. También en Alemania, Francia y Londres, pero no en el sitio del cual acabaríamos enamorados. Ahora no me acuerdo —esto sí que es por ser olvidadizo— de ninguno de esos viajes que hice de pequeño, pero sí que recuerdo el primero en barca por la Albufera, porque la etimología latina de *recordar* es preciosamente precisa: *recordis*, 'volver a pasar por el corazón'.

Contenido